北京文化书系
古都文化丛书

四合院——修身齐家

中共北京市委宣传部
北京市社会科学院　　组织编写

李卫伟　著

北京出版集团
北京出版社

图书在版编目（CIP）数据

四合院：修身齐家 / 中共北京市委宣传部，北京市
社会科学院组织编写；李卫伟著 . — 北京：北京出版
社，2021.12
（北京文化书系 . 古都文化丛书）
ISBN 978-7-200-15494-8

Ⅰ . ①四… Ⅱ . ①中… ②北… ③李… Ⅲ . ①北京四
合院—介绍 Ⅳ . ①TU241.5

中国版本图书馆CIP数据核字（2020）第051572号

北京文化书系　　古都文化丛书

四合院
——修身齐家

SIHEYUAN

中共北京市委宣传部
北京市社会科学院　组织编写

李卫伟　著

*

北京出版集团
北京出版社　出版

（北京北三环中路6号）
邮政编码：100120

网　　址：www.bph.com.cn
北京出版集团总发行
新华书店经销
北京华联印刷有限公司印刷

*

787毫米×1092毫米　　16开本　　15.5印张　　216千字
2021年12月第1版　　2021年12月第1次印刷
ISBN 978-7-200-15494-8
定价：168.00元
如有印装质量问题，由本社负责调换
质量监督电话：010-58572393；发行部电话：010-58572371

"古都文化丛书"编委会

主　　编：阎崇年

执行主编：王学勤　唐立军　谢　辉

编　　委：朱柏成　鲁　亚　田淑芳　赵　弘
　　　　　杨　奎　谭日辉　袁振龙　王　岗
　　　　　孙冬虎　吴文涛　刘仲华　王建伟
　　　　　郑永华　章永俊　李　诚　王洪波

学术秘书：高福美

"北京文化书系"
序言

　　文化是一个国家、一个民族的灵魂。中华民族生生不息绵延发展、饱受挫折又不断浴火重生，都离不开中华文化的有力支撑。北京有着三千多年建城史、八百多年建都史，历史悠久、底蕴深厚，是中华文明源远流长的伟大见证。数千年风雨的洗礼，北京城市依旧辉煌；数千年历史的沉淀，北京文化历久弥新。研究北京文化、挖掘北京文化、传承北京文化、弘扬北京文化，让全市人民对博大精深的中华文化有高度的文化自信，从中华文化宝库中萃取精华、汲取能量，保持对文化理想、文化价值的高度信心，保持对文化生命力、创造力的高度信心，是历史交给我们的光荣职责，是新时代赋予我们的崇高使命。

　　党的十八大以来，以习近平同志为核心的党中央十分关心北京文化建设。习近平总书记作出重要指示，明确把全国文化中心建设作为首都城市战略定位之一，强调要抓实抓好文化中心建设，精心保护好历史文化金名片，提升文化软实力和国际影响力，凸显北京历史文化的整体价值，强化"首都风范、古都风韵、时代风貌"的城市特色。习近平总书记的重要论述和重要指示精神，深刻阐明了文化在首都的重要地位和作用，为建设全国文化中心、弘扬中华文化指明了方向。

　　2017年9月，党中央、国务院正式批复了《北京城市总体规划（2016年—2035年）》。新版北京城市总体规划明确了全国文化中心建设的时间表、路线图。这就是：到2035年成为彰显文化自信与多元包容魅力的世界文化名城；到2050年成为弘扬中华文明和引领时代潮流的世界文脉标志。这既需要修缮保护好故宫、长城、颐和园等享誉中外的名胜古迹，也需要传承利用好四合院、胡同、京腔京韵等具有老北京地域特色的文化遗产，还需要深入挖掘文物、遗迹、设施、景点、语言等背后蕴含的文化价值。

组织编撰"北京文化书系"，是贯彻落实中央关于全国文化中心建设决策部署的重要体现，是对北京文化进行深层次整理和内涵式挖掘的必然要求，恰逢其时、意义重大。在形式上，"北京文化书系"表现为"一个书系、四套丛书"，分别从古都、红色、京味和创新四个不同的角度全方位诠释北京文化这个内核。丛书共计47部。其中，"古都文化丛书"由20部书组成，着重系统梳理北京悠久灿烂的古都文脉，阐释古都文化的深刻内涵，整理皇城坛庙、历史街区等众多物质文化遗产，传承丰富的非物质文化遗产，彰显北京历史文化名城的独特韵味。"红色文化丛书"由12部书组成，主要以标志性的地理、人物、建筑、事件等为载体，提炼红色文化内涵，梳理北京波澜壮阔的革命历史，讲述京华大地的革命故事，阐释本地红色文化的历史内涵和政治意义，发扬无产阶级革命精神。"京味文化丛书"由10部书组成，内容涉及语言、戏剧、礼俗、工艺、节庆、服饰、饮食等百姓生活各个方面，以百姓生活为载体，从百姓日常生活习俗和衣食住行中提炼老北京文化的独特内涵，整理老北京文化的历史记忆，着重系统梳理具有地域特色的风土习俗文化。"创新文化丛书"由5部书组成，内容涉及科技、文化、教育、城市规划建设等领域，着重记述新中国成立以来特别是改革开放以来北京日新月异的社会变化，描写北京新时期科技创新和文化创新成就，展现北京人民勇于创新、开拓进取的时代风貌。

为加强对"北京文化书系"编撰工作的统筹协调，成立了以"北京文化书系"编委会为领导、四个子丛书编委会具体负责的运行架构。"北京文化书系"编委会由中共北京市委常委、宣传部部长莫高义同志和市人大常委会党组副书记、副主任杜飞进同志担任主任，市委宣传部分管日常工作的副部长赵卫东同志担任副主任，由相关文化领域权威专家担任顾问，相关单位主要领导担任编委会委员。原中共中央党史研究室副主任李忠杰、北京市社会科学院研究员阎崇年、北京师范大学教授刘铁梁、北京市社会科学院原副院长赵弘分别担任"红色文化""古都文化""京味文化""创新文化"丛书编委会主编。

在组织编撰出版过程中，我们始终坚持最高要求、最严标准，突出精品意识，把"非精品不出版"的理念贯穿在作者邀请、书稿创作、编辑出版各个方面各个环节，确保编撰成涵盖全面、内容权威的书系，体现首善标准、首都水准和首都贡献。

我们希望，"北京文化书系"能够为读者展示北京文化的根和魂，温润读者心灵，展现城市魅力，也希望能吸引更多北京文化的研究者、参与者、支持者，为共同推动全国文化中心建设贡献力量。

"北京文化书系"编委会

2021年12月

"古都文化丛书"
序言

　　北京不仅是中国著名的历史文化古都，而且是世界闻名的历史文化古都。当今北京是中华人民共和国首都，是中国的政治中心、文化中心、国际交往中心、科技创新中心。北京历史文化具有原生性、悠久性、连续性、多元性、融合性、中心性、国际性和日新性等特点。党的十八大以来，习近平总书记十分关心首都的文化建设，指出北京丰富的历史文化遗产是一张金名片，传承保护好这份宝贵的历史文化遗产是首都的职责。

　　作为中华文明的重要文化中心，北京的历史文化地位和重要文化价值，是由中华民族数千年文化史演变而逐步形成的必然结果。约70万年前，已知最早先民"北京人"升腾起一缕远古北京文明之光。北京在旧石器时代早期、中期、晚期，新石器时代早期、中期、晚期，经考古发掘，都有其代表性的文化遗存。自有文字记载以来，距今3000多年以前，商末周初的蓟、燕，特别是西周初的燕侯，其城池遗址、铭文青铜器、巨型墓葬等，经考古发掘，资料丰富。在两汉，通州路（潞）城遗址，文字记载，考古遗迹，相互印证。从三国到隋唐，北京是北方的军事重镇与文化重心。在辽、金时期，北京成为北中国的政治中心、文化中心。元朝大都、明朝北京、清朝京师，北京是全中国的政治中心、文化中心。民国初期，首都在北京，后都城虽然迁到南京，但北京作为全国文化中心，既是历史事实，也是人们共识。北京历史之悠久、文化之丰厚、布局之有序、建筑之壮丽、文物之辉煌、影响之远播，已经得到证明，并获得国际认同。

从历史与现实的跨度看，北京文化发展面临着非常难得的机遇。上古"三皇五帝"、汉"文景之治"、唐"贞观之治"、明"永宣之治"、清"康乾之治"等，中国从来没有实现人人吃饱饭的愿望，现在全面建成小康社会，历史性告别绝对贫困，这是亘古未有的大事。中华民族迎来了从站起来、富起来到强起来的伟大飞跃，迎来了实现伟大复兴的光明前景。

"建首善自京师始"，面向未来的首都文化发展，北京应做出无愧于时代、无愧于全国文化中心地位的贡献。一方面整体推进文化发展，另一方面要出文化精品，出传世之作，出标识时代的成果。近年来，北京市委宣传部、市社科院组织首都历史文化领域的专家学者，以前人研究为基础，反映当代学术研究水平，特别是新中国成立70多年来的成果，撰著"北京文化书系·古都文化丛书"，深入贯彻落实习近平总书记关于文化建设的重要论述，坚决扛起建设全国文化中心的职责使命，扎实做好首都文化建设这篇大文章。

这套丛书的学术与文化价值在于：

其一，在金、元、明、清、民国（民初）时，北京古都历史文化，留下大量个人著述，清朱彝尊《日下旧闻》为其成果之尤。但是，目录学表明，从辽金经元明清到民国，盱古观今，没有留下一部关于古都文化的系列丛书。历代北京人，都希望有一套"古都文化丛书"，既反映当代研究成果，也是以文化惠及读者，更充实中华文化宝库。

其二，"古都文化丛书"由各个领域深具文化造诣的专家学者主笔。著者分别是：（1）《古都——首善之地》（王岗研究员），（2）《中轴线——古都脊梁》（王岗研究员），（3）《文脉——传承有序》（王建伟研究员），（4）《坛庙——敬天爱人》（龙霄飞研究馆员），（5）《建筑——和谐之美》（周乾研究馆员），（6）《会馆——桑梓之情》（袁家方教授），（7）《园林——自然天成》（贾珺教授、黄晓副教授），（8）《胡同——守望相助》（王越高级工程师），（9）《四合院——修身齐家》（李卫伟副研究员），（10）《古村落——乡愁所寄》（吴文涛副研究员），（11）《地名——时代印记》（孙冬虎研究员），（12）《宗教——和谐共生》（郑永华研究员），（13）《民族——多元一体》（王卫华教授），（14）《教育——兼济天下》（梁燕副研究员），（15）《商业——崇德守信》（倪玉平教授），（16）《手工业——工匠精神》（章永俊研究员），（17）《对外交流——中国气派》（何岩巍助理研究员），（18）《长城——文化纽带》（董耀会教授），（19）《大运河——都城命脉》（蔡蕃研究员），（20）《西山永定河——血脉根基》（吴文涛副研究员）等。署名著者分属于市社科院、清华大学、中央民族大学、首都经济贸易大学、北京教育科学研究院、北京古代建筑研究所、故宫博物院、首都博物馆、中国长城学会、北京地理学会等高校和学术单位。

其三，学术研究是个过程，总不完美，却在前进。"古都文化丛书"是北京文化史上第一套研究性的、学术性的、较大型的文化丛书。这本身是一项学术创新，也是一项文化成果。由于时间较紧，资料繁杂，难免疏误，期待再版时订正。

本丛书由市社科院原院长王学勤研究员担任执行主编，负责全面工作；市社科院历史研究所所长刘仲华研究员全面提调、统协联络；北京出版集团给予大力支持；至于我，忝列本丛书主编，才疏学浅，年迈体弱，内心不安，实感惭愧。本书是在市委宣传部、市社科院的组织协调下，大家集思广益、合力共著的文化之果。书中疏失不当之处，我都在在有责。敬请大家批评，也请更多谅解。

是为"古都文化丛书"序言。

阎崇年

目　录

引 言

一、诗意的居所与居所的诗意

当我刚刚成为一名中学生时，我所就读学校的其中一部分是北京的一座王府，而且这座王府还是潜龙邸。何谓潜龙邸？就是皇帝登基前出生或居住的地方。这座王府的地理位置很特殊，它紧邻北京旧城西侧的一座城门，也就是西便门。因此，那时候在我们学校两侧便形成了两种建筑风格：学校以东是老城区，因此是一片平房（那时候一般人没有四合院的概念，统称一层的建筑为平房），有一部分同学就住在这片平房区内；学校以西是新建城区，以楼房为主，有一部分同学居住在楼房区内。由于楼房的基础设施总体上比平房好一些，因此，大多数同学还是想住到西边去。虽然学校是王府，但是也被归为平房，因此，大家还是希望学校能都是楼房，那样学校"硬件设施"才算过硬，当然这其中也包括我。

直到有一天，事情有了一些变化。一个午后，我和几位同学帮着教务处的办公室打扫卫生。教务处是一座幽静的院落，由北房和东西厢房组成，院内还有两棵大海棠树。我对大海棠树之所以记忆如此清楚，是因为我经常会趁着去问老师问题的时候或其他机会摘一颗海棠果吃。有时候下面的海棠果都被摘完了，还需要使劲蹦起来，去摘更高一点的果子。言归正传，这次改变是在一次我们帮忙打扫卫生的过程中，教务处主任黄果老师看到我们这几位好学生很高兴，就跟我们说："同学们，你们知道咱们的计算机房过去是干什么的吗？"我们当然都是摇头。他很神秘地告诉我们，那是光绪皇帝的出生地。别人我不知道，但是我当时很惊讶。那么一座木结构的小楼房，楼梯踩上去吱吱呀呀地响动，竟然是皇帝出生地！得知这个消息之后，我曾多次徘徊在那座小楼周围，企图寻找一些皇帝的痕迹。当然，我是一无所获的。但是，这件事情却深深地埋在了我的心底。

中学毕业之后的多年没人再提起过这件事情，我也就不再时常想起，直到我上了大学。我的专业是历史文博，因此开始接触、学习古代建筑。在我的专业课中有一门是文物摄影，老师是一位外聘的文物界知名专家——祁庆国先生。他不但讲课生动有趣，而且鼓励大家去拍摄自己最喜欢的一样东西，可以是建筑、动物，也可以是植物、昆虫。大家拍摄完之后，他会在课堂上点评，举办大家作品的评鉴会。我当时想了很久，我的拍摄对象选什么好呢？突然，六七年前的那个皇帝出生的古建筑，从我尘封的记忆中被唤起，于是我决定拍摄这座潜龙邸。

时间又过了一年，需要写学年论文了。选择哪个题目？我又是一番冥思苦想。当然，那座皇帝出生的小楼又进入了我的思绪。我突然发现，当初摄影比赛时我虽然选择了各种角度拍摄这座建筑，但是我当时却未问光绪皇帝是在哪间房屋出生的。光绪皇帝的父亲是谁？光绪皇帝的母亲是谁？他为什么会从一座王府的小阿哥成为皇帝？需要解决的问题这么多，那还做什么别的方向呢？就是它了。就这样，我人生第一篇关于古建筑的文章由此诞生。

当然，在我写这篇论文的时候，我知道了那座小楼，也就是王府的后罩楼，并不是光绪皇帝真正的出生地。光绪皇帝出生在王府西路的一座院落内。我知道了光绪皇帝的父亲是醇亲王奕譞，母亲是慈禧太后的亲妹妹，因此光绪皇帝才被选中入宫继承帝位。醇亲王一门出了两位皇帝，另一位就是末代皇帝溥仪。醇亲王家族也因此成为清末最有权势的家族。了解到这些之后，我的心情十分激动。我的初中学校竟然是一座这么"牛"的建筑，当时竟然完全没有感觉到！

毕业之后，我进入了古代建筑研究所，一直从事古建筑研究至今。我用步行和骑自行车的方式几乎走遍了北京老城的大街小巷、胡同里弄以及郊区很多村落，调查了大量的北京王府、四合院、寺院、园林等古建筑。在动笔写这本书的时候，我回想起自己的这些过往。我的少年、青年，直到目前接近中年，从陌生、认识、了解，到现在因为较为深入地理解了北京四合院建筑的科学性和文化内涵的深厚广博，而被它所深深地吸引和感动，并将之定义为诗意的居所和居所的诗意。它恰恰像是北京四合院近几十年来的一条发展轨迹。在我的少年时代，普通百姓很少会讨论北京四合院，到了青年时代，尤其是我工作的这近二十年，正是北京高楼大厦拔地而起的年代。而随着大量四合院的消逝，现代主义建筑在世界各国广泛传播，高楼大厦已经成为世界范围城市住宅的主要建筑形式。但是，这种在建筑形式追随功能理论指导下产生的多层的、立面规整呆板的住宅形式越来越让人感到单调无趣，而超高的楼层更带来了压抑感。不但是学者，普通民众也开始追寻更贴近人体尺度、更富于文化内涵、更亲近自然的住宅形式。蓦然回首，人们发现北京人曾经世世代代居住的四合院就是这一个类型的建筑。

　　四合院的建筑体量与尺度亲切温馨，院内的庭院空间和植物绿化、花鸟鱼虫能让人与大自然亲密接触。那一砖一瓦、一草一木都深藏着古人的居住理念与居住哲学，都饱含传统文化内涵，让人居住其间会产生无尽的生趣。这种建筑所带给人的感觉，大概可以算作90多年前梁思成和林徽因所提出的"建筑意"或近年来西方建筑所称的"场所精神"。

图1　四合院鸟瞰

图2　四合院内的鸽子

我将世界范围内的古代住宅建筑做了一个简单的比较，并得出结论，能够称得上诗意居所的，北京四合院绝对算是其中之一。为什么这么说呢？首先，四合院这种建筑形式在中国的发展历史超过了三千年，它的年纪绝对算得上是世界住宅界里的老寿星，这种历经沧海桑田而具有厚重感的建筑如何不让人产生诗意。其次，北京四合院的建筑所营造的空间，创造出了一方宁静而宜居的天地。从自然环境的角度观察，它适应北京的地理气候，为人们提供了一个冬暖夏凉的房屋环境；从文化角度观察，它宣扬长幼有序、内外有别，为人们规划出了一个人伦和谐的居住空间；从生态角度来看，它亲近自然、尊重自然，讲求天人合一；庭院内一年之初的时节春花烂漫，炎炎的夏日绿树成荫，丰收的秋季硕果累累，寒冷的冬季阳光明媚。花鸟鱼虫，生机盎然。这些都使得它拥有了诗意的理想化。

图3　四合院内的金鱼

图4　四合院内养花的老人

居所的诗意又表现在什么地方呢？首先，在千百年的发展中，北京四合院从整体布局到单体建筑都形成了自己的文化和讲究，尤其是那些四合院建筑上各种充满吉祥寓意的精美雕刻图案，更是让人浮想联翩。木质棂条格心为灯笼图案的门窗寓意前途光明，分割为大小长方形格子图案的门窗称为"步步锦"，寓意生活步步锦绣。砖雕图案上的动物、植物和人物图案，必然都是中国文化中具有吉祥内涵的题材，或者具有教育意义和启迪智慧作用的历史典故。就连庭院中种植的树木、花卉和其他植物，也都是寓意家庭和睦、夫妻好合、子孙繁盛、文章出众、才子佳人等让人产生美好想法的品种。

其次，北京四合院的家具陈设也非常有诗意。四合院大门上雕刻的门联和建筑上悬挂的对联就都是名诗佳对。四合院的室内外墙壁上也往往悬挂诗书画印配合的画作和诗作。四合院的家具也充满诗意，太师椅、八仙桌、天球瓶、多宝格，这些名字无不透着文雅和飘逸。可以说四合院从内到外，每一砖每一瓦，每一草每一木都能让人感受到文化的气息，都能让人体会到诗情画意，都在传递着北京人的浪漫与温情。

图5　宁静的四合院

当然，这样诗意的居所并不是三言两语能够说清楚的，也不是我一个人能够说完整的。因此，我想用二十多年的经历，用我十几年来持续地调查和研究北京四合院所获的心得与体会，为大家讲述四合院的十之一二。希望在这个民族全面复兴的时代，借中华传统文化得到大力弘扬的契机，告诉大家北京四合院里的历史与故事、沧桑与华美！

二、北京四合院正名

现在人们将古代北京遗留下来的由东、西、南、北四面围合而成的住宅建筑统称为北京四合院。但是，四合院这个名字到底什么时候开始这样叫的呢？却没有人能说清楚。带着这个问题，我们翻遍了北京的古籍文献。关于住宅建筑的记载少之又少，可是奇怪的是，无论正史、野史，还是文人笔记中都找不到四合院这个名词。我们甚至在一本清末撰写的《天咫偶闻》文人笔记中找到了详细介绍北京四合院各个建筑构成要素名称的记载："内城房式异于外城。外城式近南方，庭宇湫隘。内城则院落宽阔，屋宇高宏。门或三间，或一间，巍峨华焕。二门以内，必有听事。听事后又有三门，始至上房。听事上房之巨者，至如殿宇。大房东西必有套房，名曰耳房。左右有东西厢，必三间，亦有耳房，名曰盝顶。或有从二门以内，即回廊相接，直至上房，其式全仿府邸为之。"①但遗憾的是，也没有发现四合院的叫法。书中对住宅建筑多数的称谓是宅院或宅第。难道四合院这个名称我们叫错了？可是东西南北四面围合，天地八荒四合是那么符合我们的传统文化，又怎么会出错呢？

2008年左右，一次偶然的机会，笔者翻阅梁思成先生撰写的《中国建筑史》时，惊奇地发现该书第七章"住宅建筑"一节对北京四合院进行了介绍，并绘制了一幅北京四合院的平面图，书中明确写道"四合院又叫四合房"。梁思成先生这本书大概写作于1934年，也就是民国时期。也就是说，民国年间四合院或者四合房这种称呼就存在了，大概是在梁思成先生这样一位建筑大师的带领下，四合院的称呼才名满天下，而宅院和宅第这样的叫法却越来越少了。

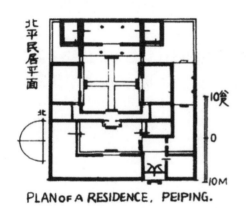

图6　梁思成所著《中国建筑史》绘制的四合院平面图

图7　梁思成所著《中国建筑史》关于四合院论述的书影

李卫伟

2020年3月

---

① ［清］震钧：《天咫偶闻》，北京古籍出版社，1982年版。

第一章

前世与今生——四合院的历史演变

四合院，或者称呼为四合式建筑是中国古代建筑普遍采用的布局方式，无论是南方的天井式、一颗印式，还是北方的四合院，都是由东西南北四面房屋围合而成。北京四合院便是四合式这个大家族中的一员。它的发展演变与中国四合式建筑的发展密不可分。

第一节　探源溯流——中国四合式建筑的源流

根据考古资料看，目前发现的仰韶遗址、半坡遗址、姜寨遗址、河姆渡遗址等距今六七千年前的遗址中都发现了建筑遗址。这些建筑遗址都是一半建筑在地面，一半为向下开挖的地穴，称为半地穴式建筑。半地穴式建筑虽然还非常简陋，但是它标志着人类已经开始主动建造建筑物，这是人类居住史上的一大飞跃。这些建筑遗址平面或为方形或为圆形。这一时期的建筑布局尚显得十分随意，没有明显的规律。

发展至四千年前，半地穴式建筑形式逐渐演变为完全地上式建筑形式。河南安阳殷墟遗址发现了几十座推测为宫室的遗址，这些建筑遗址出现了较为简单的建筑排列组合。这些排列组合虽然尚不严整，但它是我国建筑开始有布局的开端，揭开了我国建筑历史的新篇章。

从目前考古发掘的资料看，我国最早的四合院式建筑是陕西岐山县凤雏村的一组推断为宗庙功能的建筑遗址。这组建筑的时代是西周时期，距今约3000年。从平面布局分析（如图1-1），这座遗址的基址平面呈矩形，基址上的建筑为一座二进院落，由前后相连的两座院落组成。院落有明显的南北向中轴线，轴线上从前至后依次包括影壁、大门、前堂和后室。轴线两侧对称建造厢房，前堂和后室之间用一条直廊连接，形成"工"字平面，院落四周各建筑之间用回廊连接。

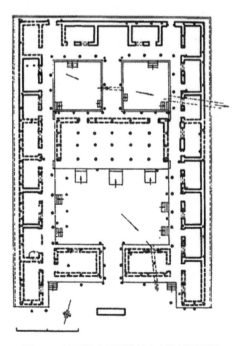

图1-1　陕西岐山县凤雏村宗庙遗址平面图

其形式已经具备了四面围合、轴线对称、主次分明等四合院建筑形制的主要特征，体现了西周时期四合式建筑特色。也就是说，最迟到西周时期，四合院式建筑已经形成。

西周以后，四合院建筑形式持续发展，关于四合式建筑的历史资料也逐渐增多。根据《仪礼》记载，春秋时期士大夫的住宅与考古发掘的西周时期四合院布局十分相似。中轴线的最前方为房屋三间，明间为门道，两次间为塾，之后为堂（堂既是生活起居之处，也是会见宾客的地方），堂后为寝，也就是卧室。轴线两侧建有厢房。

根据考古发掘出土的河北安平汉墓中的一幅汉代大型住宅的壁画，内蒙古和林格尔汉墓壁画所描绘的地方官衙，四川成都扬子山出

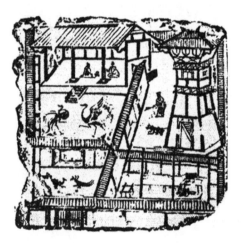

图1-2　四川成都扬子山东汉画像砖中的住宅图案

土的东汉画像砖以及甘肃敦煌壁画，还有出土的众多汉代明器与画像石中，都反映出汉代的住宅除了贵族地主的坞堡外，一般住宅仍然为庭院形式，有三合院、L形庭院和口字形庭院以及由二进院落组成的日字形庭院。其中四川省成都扬子山出土的东汉画像砖中还描绘了由多进、多路院落组成的大型住宅建筑（如图1-2）。这组住宅表明合院式住宅在汉代仍然非常流行。

魏晋南北朝时期，具有合院式建筑特点的建筑进一步发展，出现庭院和园林相结合的大型宅院，也有依山而建的小型三合院、四合院民宅和村舍。四合式建筑在隋唐时期基本成熟，这个时期出土的器物和传世的绘画作品中，反映四合式建筑形式的非常多。如陕西商洛出土的唐代明器上，大门、影壁、正房、厢房等四合院建筑要素均有表现，院内建筑层层排列，十分整齐。从建筑排列布局上不难看出这个时期的住宅建筑理念已经比较成熟。

宋代是市井建筑大发展和大变革的时期，城市从隋唐时期封闭的里坊制度变得开放，商品经济异常发达，这也使得城市更加繁荣，建筑技术更加成熟和完善。从《清明上河图》和其他宋画以及史料记载看，宋代的住宅建筑在继承传统的基础上布局非常灵活多样。其中四合式建筑的周围多以廊屋代替回廊以增加居住面积（如图1-3），第一道大门后多会建造一座影壁，表现出与后世四合式建筑更加接近的样貌。而根据《宋史·舆服志》的记载，宋代对各级官员的住宅有了更加明确的规定，一般有爵位的官员大门建造为门屋的形式，六品以上的官员准许用乌头门，普通百姓则只准建造一间大门，房屋的梁架最多也只能是五架梁，并且不许使用斗拱、藻井和五彩的装饰彩画。后世的四合院建筑形象与这种规定越来越接近了。

图1-3　《清明上河图》中的宋代四合式建筑

宋代以后，四合式建筑形式应用更加广泛，建筑技术也日趋成熟。元、明、清时期，四合式建筑更加规范和集群化，尤其是明清时期的四合式建筑已经在建筑理论、建筑文化、建筑科学和建筑技术等方面形成体系，成为上到皇家宫苑，下到民间百姓的所有建筑的基本模式。自明、清至民国时期，这种建筑形式一直是中国北方或者说是北京地区几乎所有建筑的统一格式。

第二节　追古论今——北京四合院的发展与演变

北京四合院建筑作为老北京人世代居住的住宅，是北京城的建筑主体。从元代至明清，再到民国，四合院的基本格局虽然没有大的改变，但是，随着历史的发展，其建筑单体要素、建筑形式、装饰风格和家具陈设等方面却一直沿着它自己特有的轨迹缓慢变化，渐臻完善。清朝末年至民国时期，西方建筑元素开始融入北京四合院，使得北京四合院也有了"洋"味儿。

一、元明时期北京四合院发展概况

北京地区的四合式建筑最初形成于何时，又是何时成为一种广泛使用的建筑形式，由于缺乏翔实的历史资料，尚无法定论。清代成书的一本记录北京历史的书籍《日下旧闻考》引元人诗中有关于元代大都住宅的描述："云开间阖三千丈，雾暗楼台百万家。"元代这"百万家"的住宅到底是什么样子？根据目前掌握的资料分析，元代大都城这百万家应该是已经十分普遍和成熟的四合院建筑。也就是说，北京四合院在元代已经发展得十分完善了。

元世祖忽必烈于至元四年（1267年）开始建造大都城。元大都城没有延续使用辽金故城，而是在其东北侧建起了新城。新建成的大都城平面略呈方形，占地面积38平方公里，是当时世界上规模最大的都城。大都城内的皇城位于整个大都城的中心偏南位置。皇城内布置有皇帝居住的大内（即皇宫）、太子居住的东宫、隆福宫和太后居住的兴圣宫。皇城之外分为五十坊，是居民建造住宅和其他城市建筑的地方。每个"坊"之间有主干道和次干道系统分隔和联系。这些干道除了因河流、湖泊和皇城等而不得不改道外，其余街道基本上都采取了横平竖直的网格化布局。这是北京传统街巷胡同在格局方面的基础特征。"坊"内则有供人与车马通行的小路，即现代的胡同（或条）。元代的大街、小街、胡同都有标准宽度，规定大街宽24步（一步为五尺，约为37.2米）、小街宽12步（约为18.6米）、胡同宽6步（约为9.3米）。胡同东西向排列得很整齐，两胡同之间距离为50步左右（约77米）。这是北京传统街巷胡同的基本空间尺度。元代末年熊梦祥所著《析津志》就记载了大都城的这一规划布局特征和尺度空间："自南以至于北，谓之经，自东向西，谓之纬。大街二十四步阔，小街十二步阔，三百八十四火巷，二十九胡同。胡同二字本方言。"[1]

有元一代，这种基础特征和基本空间尺度都没有改变。至明清时期，由于内城大多数的地域（即今长安街沿线以北区域）继承的是元代大都旧城，因此也基本延续了这种格局和尺度。也即是说，北京四合院所处的街巷是在一个基本不变的尺度下发展的。因此，可以推论北京四合院的尺度也不会有巨大变化。从这个意义上讲，北京四合院可以说是从元代肇始。

另据记载，元大都建成之际，元世祖忽必烈曾下诏，将原金中都城的居民迁往大都城，规定"诏旧城居民之迁京城者，以资高及居职者为先，仍定制以地八亩为一份，其地过八亩或力不能作室者，皆不得冒据，听民作室"。这段记载说明，大都城内优先贵族、官吏和有钱人建造住宅。住宅的面积以八亩为一块宅基地，相当于5000多平方米。居民的住宅未经允许，不得超过八亩。这种八亩宅制度便是元代城市住宅建设的基础空间规模。由于胡同、街道的宽度和胡同街巷之间的距离已经确定，加上诏书规定，无力建造房屋的人不能占据地基，相当于穷人被排除在了大都城外，因此不会有大量低矮简陋的民房出现，建筑就不会出现参差不齐的现象。由此我们可以想象，元大都城内的建筑从朝向到占地规模再到单体建筑式样还是相当规整的。无怪乎意大利旅行家马可·波罗在记载大都城时赞叹道："各大街两旁，皆有种种商店屋舍，全城中规划地为方形，划线整齐，建筑房屋，每方足以建大屋，连同庭院园围而有余。以方地赐各部落首领，每首领各有其赐地。方地周围皆是美丽道路，行人由斯往来。全城地

---

① ［清］英廉等编：《日下旧闻考》，北京出版社，2018年版。

面规划有如棋盘，其美善之极，未可言宣！"

中华人民共和国成立后，考古工作人员分别于1965年和1972年，两次在西城区后英房胡同进行考古发掘，发掘出了一组元代居住遗址。这组遗址被压在明清北城墙下，得以保留，城墙以外部分就被破坏了。保存部分的建筑群格局基本清晰可辨。后英房元代居住遗址由主院及东、西跨院组成，遗址总面积1300多平方米。主院正中偏北建有三间正房和东、西两耳房。正房前出廊、后出厦，建于一座平面略呈"凸"字形的砖石台基上，基高约80厘米。正房两侧有东、西厢房。院落之间铺以砖甬道以相互贯通。西院南部大部已遭破坏，仅北部尚存一小月台。东院是一座以"工"字形平面建筑为主体的院落，有北房、南房及东、西厢房。发掘时出土了彩画额枋、格子门、滴水、瓦当等瓦木建筑构件。这座遗址的建筑布局、开间尺寸、主要建筑与附属建筑的排列关系，与现在的四合院建筑形制基本相同。

1972年，在东城区雍和宫北侧也发现了一座居住遗址，同样是因为被压在明清北城墙之下而得以保存。遗址为一座三合小院，主要建筑是三间北房和东西厢房，北房建筑在砖砌台基之上，正中是方形月台，台前用砖砌出十字形甬道。这个遗址反映出北京城里这种三合

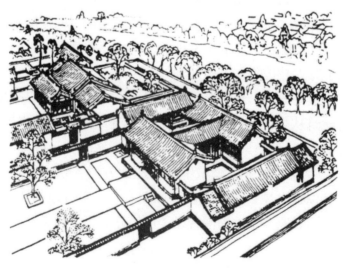

图1-4　后英房胡同四合院遗址平面图

图 1-5　复原的元代四合院局部

院的建筑形式早在元代时期就已经存在，而且营建技术成熟。

　　另外，与后英房邻近的后桃园、旧鼓楼大街豁口、西绦胡同等地也都发现了元代居住遗址，但保存较差，仅能分辨出部分房屋，不能看出整体格局。

　　从考古资料分析，可以断定元代大都时期北京城四合院已经与明、清两代四合院的格局大体一致，单体要素也已经具备。从这个角度考虑，也可以说元代住宅是北京四合院建筑的直接渊源。

　　元代的四合院也有自己的特点，一方面是布局上还保存着工字廊的形式，也就是前后两座建筑之间用一条直廊连接明间，这是后世四合院没有的。元代四合院的单体建筑多数采用悬山建筑，而后代四合院基本上全为硬山建筑，这是明代以后，砖烧造技术成熟和大量使用的原因。砖墙体耐风雨，因此屋面悬挑出两山墙能够护住墙体的悬山顶便慢慢消逝在住宅建筑中，后来只是使用在宫殿、寺庙等一些建筑上。元代四合院门窗装饰上，还是以直棂窗为主。

　　明代的北京城是在元大都旧址上建造而成的。明初，徐达攻克大都城后，将大都城的北城墙向南缩进了2.5千米，其他则均延续大都城的格局。永乐初年，在确定迁都北京之后，北京城的南城墙又在建城时向南拓展0.8千米。明嘉靖年间，北京城南增建外城，从而形成了北京城倒凸字形的格局。内城除了皇宫外，基本上完整沿袭了大都城的坊巷格局和建筑功能的布局，总体建筑格局以棋盘式布局建置，街巷按经纬方向排列。因此，这种格局下建造的明代住宅基本上延续了元代的布置，院落沿着街巷平直地建造，多数为正南正北。而外城的街巷则较为复杂。一方面，明初位于北京城西南的辽金故城仍然存在，大量居民仍居住于此，两城居民往来其间，自发地形成了很多斜向道路，而这些道路在新建造外城时被包入城内，从而在今大栅栏地区和宣武门外地区形成了部分斜街。另一方面，外城历史上河道较多，因此也造成了很多地区的街巷随着河道的走势布置，一些街巷因处于两条河道之间而十分狭窄。第三方面，外城在明代建成时地广人稀，且河网密布，水源较为充足，因此很多达官显宦的别墅和园林在外城大量出现。另外，商业的繁荣发展也是外城的一大特色。一方面因为元代有钱人都迁到了新城，旧城主要是普通人和穷人居住，新城成为消费地，旧城则为新城居民提供消费品，因此两城居民便在交往过程中形成了自然贸易区。另外，由于大运河的缘故，北京城南和东部的郊区在明清也是商品的主要贸易区。理论上讲，明代外城商贸建筑应该比较发达，进而促进商人居住建筑群的形成。

除此之外，明代北京四合院建筑在元代住宅建筑的基础上也发生了一些改变。首先是建筑布局上，从现存的明代建筑看，此时期工字廊逐渐消逝，这使得宅院有了较为宽敞的庭院。其次是明代建筑技术上砖瓦烧造的发展，使得房屋有可能广泛使用砖瓦建造，从而使房屋受到雨雪侵蚀而损坏的程度越来越小，这也促使房屋建筑形式由元代的悬山建筑为主渐渐地发展为硬山建筑为主。综合以上，明代是北京四合式建筑发展转折的重要阶段。

二、清代北京四合院发展概况

清朝定都北京以后，在城市建设上基本上承袭了明北京城的建筑格局，但是在居住上却发生了三个方面的巨大改变。

首先，清王朝在北京城实行"满汉分居"政策。内城只允许满人和蒙古人居住，将汉人和其他民族全部迁到外城，不允许在内城建造住宅。虽然，这种政策在清朝末年开始松动，很多汉族重要官员也将宅邸建造到了内城，但绝大多数汉人还是住在外城。同时，内城也不允许发展商业。因此，商业在外城迅速发展起来。在明代还以达官显宦别墅、花园和稀疏的住宅建筑、寺庙为主的外城，人口也随之激增，这使得外城无法再建造大规模住宅，院落面积越来越小。明代建造的大规模私家园林也在这一时期逐渐消逝，出现了大栅栏、琉璃厂、珠市口、磁器口、花市等一批汇聚了全国各地商业产品的贸易区。各地商人在外城落脚生根后也开始建造住宅，并将家乡的建筑元素带进了外城，为四合院的发展注入了新的活力。其次，由于清代不再实行分封制，北京内城修建了大量王府建筑。这些建筑虽然具有居住功能，但其建筑布局和四合院有很大的区别，其单体建筑多为官式建筑，其建筑功能上还兼有衙署和办公的作用。因此，它可以看作住宅与办公地的混合体。再次，外城在清代非常集中地发展出一种介于民宅和官署之间的建筑，即会馆建筑。一方面，会馆建筑有居住功能，同乡会馆接待来京赶考的举子和来京办事的公务人员，同业会馆接待本行业的人员。另一方面，会馆也成为在京同乡或同业人员的聚会场所或在京办事机构。大型会馆在建筑格局上更接近王府，有多进；在单体建筑形式上多数也是官式建筑。而小型会馆则更近似四合院的布局，建筑也多数是民宅常用的小式建筑。因此会馆是介乎四合院与大型府邸之间的一种建筑形式。

清代四合院除了以上三方面的重要变化，四合院本身又发生了哪些变化呢？自20世纪80年代至21世纪初，研究四合院的

图1-6　融入西方建筑元素的四合院门楼

论著大量出现，其中影响力较大的如王其明先生的《北京四合院》、马炳坚先生的《北京四合院建筑》、高巍先生的《北京里的四合院》、邓云乡先生的《北京四合院》、贾珺先生的《北京四合院》以及业祖润先生的《北京民居》等多部专著，而论文更是不胜枚举。他们从四合院的各个角度对四合院做了较为详细的叙述。但目前我们所见到的北京四合院的建筑特色到底于何时形成？基本上都是以形成于明清时期为解。但明清600年间到底何时形成？均没有论据充分的答案！在2015年出版的笔者参加编写的《北京四合院志》一书中，由于篇幅及当时掌握的资料有限，笔者仅提出了"形成于清代道光至咸丰年间"的观点，并未做详细论述。本书依托笔者调查过的数千座四合院实例，结合查阅的文献资料（尤其是参考了大量古代绘画资料）与前人研究成果，从格局、单体到装饰细节三个方面对清代北京四合院建筑的发展演变予以论述，并对何时形成目前所见北京四合院建筑特征和具备这种特征后四合院建筑空间、审美风格所发生的变化进行解析。

1. 清代北京四合院"坎宅巽门"格局程式化的形成及其影响

所谓"坎宅巽门"就是如果将"后天八卦图"嵌套在四合院上，其较为高大的正房（古籍中多记载为上房，现代则多称正房）在四合院中的位置是后天八卦的"坎"位，而大门位于"巽"位。这种"坎宅巽门"格局最标准的院落是位于东西向胡同北侧坐北朝南的院落，其北房为正房，大门开在东南隅，南向（如图1-7）。在标准院落的基础上也有一种格局称为"坎宅巽门"，那就是院落位于南北向胡同西

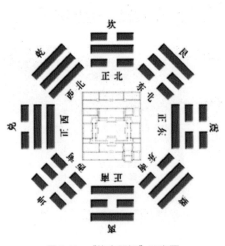

图1-7　"坎宅巽门"示意图

侧，大门开在东南角，东向，北房为正房。而位于东西向胡同南侧的院落无论其正房为南房还是北房，其大门多数都开在院落西北角，位于南北向胡同的院落则多数将宅门开在院落东南侧或西北侧。以上几种院落，其房屋和宅门的布局方式有一个共同的特征，就是大门都不位于中轴线上，而是偏离中轴线甚至偏居一隅。由于它与"坎宅巽门"形式类似，我们暂且将其统一定义为"坎宅巽门"。众所周知，"坎宅"最早在周代的遗址中被发现，可知当时已经形成了，且历代沿用，故而讨论的主要问题就是"巽门"。

（1）清代北京四合院"坎宅巽门"格局程式化的形成

北京现存的四合院中"坎宅巽门"的比例占据了绝大多数。这似乎与宫殿、坛庙、寺院、道观等传统建筑讲求的中轴对称有很大不同。从目前发掘的北京后英房元代居住遗址和同时期的玉桃园元代居住遗址等数座元代居住遗址的考古资料看，元代住宅的大门和正房都位于轴线上，与目前的四合院布局方式也有差别，应该说在元代尚未形成"巽门"这种格局。明代由于缺乏记载和实物资料，北京地区是否形成这种格局尚不得而知。翻开清代史料和实例可以发现，清代早期北京地区"坎宅巽门"格局的四合院已经出现，且经历了不断增多，直至成为一种程式化的发展进程。

清康熙五十四年（1715年），为了庆祝康熙皇帝的六十岁生日而绘制的《万寿盛典图》①，用非常写实的手法绘制了从畅春园到神武门沿途为康熙皇帝祝寿的景象。图中绘制了大量四合院建筑，四合院的建筑元素中大门、正房、厢房、倒座房和耳房等都有见到。笔者粗略地计算了一下，大约40%的宅院为"坎宅巽门"格局，其余多数大门都是开在中轴线上。乾隆十三年到乾隆十五年（1748—1750年），乾隆帝派人绘制《乾隆京城全图》，按照1∶750的比例尺描绘了整个北京城所有建筑的图样。在该图所绘制的数万座四合院中，虽然已经有了相当比例"坎宅巽门"格局的四合院，但相比于

---

① ［清］王原祁：《万寿盛典图》，学苑出版社，2018年版。

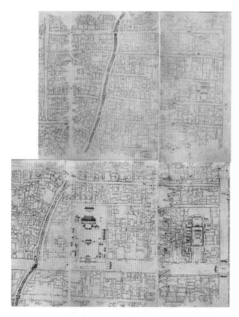

图1-8 《乾隆京城全图》西四地区院落情况

现存四合院中"坎宅巽门"格局，比例要低得多。在《乾隆京城全图》中可以看到，相当大比例的院落将大门开在宅院临街倒座房的中部，即与正房同样位于轴线上。为了更加清楚地对比《乾隆京城全图》与现存这种格局的四合院的比例关系，笔者对目前保存了大量完整四合院的西四北头条胡同至西四北八条胡同地区进行了对比分析。笔者按照一座大门代表一座院落的方法统计（寺

图1-9 西四北头条至八条卫星图（转引自《北京四合院志》）

庙、府邸和仓廪等不统计），在《乾隆京城全图》上（图面残损无法分辨的院落不统计）能分辨出大体为四合院格局的院落143座，其中"坎宅巽门"格局的有74座，比例为51.74%。目前该地区保存能分辨出为四合院格局的院落158座，其中"坎宅巽门"格局的有153座，比例为96.83%。不是巽门的5座院落中，有1座还是四五十年代改造的。这一对比说明在清代乾隆朝，四合院"坎宅巽门"格局尚未程式化，而是有相当大比例，甚至超过半数的四合院保留了与元代居住遗址中的轴线前端开门相一致的布局方式。现存四合院则绝大多数为"坎宅巽门"格局。

根据旧城内目前保存的四合院实例来看，清代早期建造的富国街3号的祖大寿住宅，其大门也开在了院落南侧中轴线上（图1-10）。在房山区、门头沟区和密云区、延庆区等郊区保存下来的部分清中期的四合院中，也发现了一些宅门开在中部的四合院。这种中轴线上开大门的格局，似乎一直持续到嘉庆朝才开始改变，其时，黄米胡同中河道总督麟庆的住宅，其大门已开始偏离院落中轴线，表现出了从中轴线向巽门过渡的特征。到道光、咸丰、同治、光绪时期，东四六条63号、65号崇礼住宅，前公用胡同15号崇厚住宅，黑芝麻胡同13号和沙井胡同15号的奎俊住宅，菊儿胡同3号荣禄住宅，帽儿胡同7号、9号、11号、13号的文昱住宅，秦老胡同33号、35号的曾崇住宅，白米斜街11号的张之洞住宅和西堂子胡同25～35号的左宗棠住宅等一批四合院则几乎全部将大门开在了巽位。

图1-10 祖大寿宅大门

图1-11 房山区水峪村乾隆年间四合院大门

从以上的史料和实例可以看出，这种"坎宅巽门"格局在四合院中占绝对优势而几乎成为程式化的状况，大约是在道光和咸丰时期形成的，清代晚期直至民国时期的传统四合院多数沿用"坎宅巽门"格局。由于现存四合院主要建于清代晚期至民国时期，故北京四合院布局便形成了具有显著特色的"坎宅巽门"格局。

图1-12　黄米胡同麟庆宅总平面图

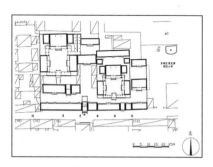

图1-13　黑芝麻胡同13号总平面图

图1-14　菊儿胡同3号荣禄宅总平面图

图1-15　白米斜街11号张之洞宅大门

（2）"坎宅巽门"格局的形成对四合院建筑空间的影响

　　元代到清代晚期的数百年间，"坎宅巽门"格局的形成与发展使得四合院的空间产生了微妙而深刻的变化。与大门开在院落中轴线相比较，偏离轴线的院落更具有遮蔽视线的效果，人的视线不能像中轴线位置开门的四合院一样从大门处一眼望见院落内部，而是框定到了院落的一角，且"巽门"内往往还使用影壁进行再次遮蔽，使得四合院内部空间更加私密。

图 1-16　巽门配合影壁使用，进入大门后也只能看到院落的一角

2．新建筑要素——垂花门在北京四合院中的出现及其影响

　　现存北京四合院的二门大多数为垂花门形式，而垂花门似乎也是北京四合院发展至清代新加入的建筑元素。虽然在宋代的《营造法式》中已经记述了类似垂花门垂柱头那样的"虚柱"做法，但其功能和建筑形象与垂花门相去甚远。随着垂花门这个新建筑元素的出现，四合院的空间也产生了较为深刻的变化。

（1）新建筑要素——垂花门在北京四合院中出现

　　垂花门进入北京四合院的历史并不是很悠久。清康熙五十四年（1715年），在为了庆祝皇帝的六十岁生日而绘制的《万寿盛典图》中，画师用非常写实的手法绘制了从畅春园到神武门沿途为康熙皇帝祝寿的景象。图中绘制了大量四合院建筑中的大门、正房、厢房、倒座房和耳房等元素，但是唯独没有见到垂花门的形象。图中四合院建筑的二门位置处，多数是一道不起门楼的随墙门，少数绘制成门楼。有人推测图中的二门门楼是垂花门的简化，但是该图中绘制的四合院其他建筑元素却十分具象，此种推测不符合逻辑。尤其是形式较为特殊的一殿一卷式的垂花门，即使进行了简化也该表现出其两卷勾连搭的屋顶形式。更何况，图中大量其他两卷勾连搭的房屋都绘制出了屋面两卷的样貌。在清乾隆十六年（1751年）绘制的《乾隆南巡图》

中，启跸京师部分绘制了从正阳门外到房山沿途的建筑，也没有发现垂花门的形象。查阅历史文献，只有"明代吕维祺《四译馆增订馆则》中才开始出现垂花门这一称谓"[①]。而《帝京景物略》《京师五城坊巷胡同集》《宛署杂记》《天府广记》《日下旧闻考》《啸亭杂录》等大量明清以来专门记录北京史迹的史籍均没有关于垂花门的任何记载。只有清末震钧撰写的《天咫偶闻》（1903年成书）一书中才有记载："太常寺公署垂花门之上，有蛱蝶子三枚，黄质而黑章。"[②]而史籍中的这两座垂花门都位于衙署中。

图1-17　圆明园勤政亲贤图中的垂花门

笔者查到的最早记录是在乾隆年间绘制的《圆明园四十景图》[③]中，四十景的"勤政亲贤"景观里绘制了一座垂花门的形象（图1-17）。另外，在乾隆年间成书的《红楼梦》第三回中，发现了垂花门以及配合使用的抄手游廊的描写："方是'荣国府'，……另换了四个眉目秀洁的十七八岁的小厮上来，抬着轿子，众婆子步下跟随。至一垂花门前落下，那小厮俱肃然退出，众婆子上前打起轿帘，扶黛玉下了轿，林黛玉扶着婆子的手进了垂花门，两边是超手游廊，正中是穿堂，当地放着一个紫檀架子大理石屏风，转过屏风，小小三间房，厅后便是正房大院。正面五间上房，皆是雕梁画栋，两边穿山游廊厢房，挂着各色鹦鹉画眉等雀鸟。"[④]在四大古典名著中，明代成书的三本均没有关

　　①　张力智：《垂花柱的形式来源与象征意义研究》，《中国建筑史论汇刊》，2014年1月刊。

　　②　[清]震钧：《天咫偶闻》，北京古籍出版社，1982年版。

　　③　[清]唐岱、沈源：《圆明园四十景图咏·勤政亲贤》，中国建筑工业出版社，2008年版。

　　④　[清]曹雪芹、高鹗：《红楼梦》，人民文学出版社，1974年版。

于垂花门的语句。另外，明代成书的《金瓶梅》也没有关于垂花门的记述。值得一提的是，《红楼梦》中仅仅在第三回出现了一次垂花门的形象，其他章节则再也没有提及。

从以上的史料分析中大体可以看出至少到乾隆年间，垂花门并不常见，只是出现在皇家园林、寺院和少数达官显宦府第中。另外，《天咫偶闻》中还记载了一则四合院的情况："内城房式异于外城。外城式近南方，庭宇湫隘。内城则院落宽阔，屋宇高宏。门或三间，或一间，巍峨华焕。二门以内，必有听事。听事后又有三门，始至上房。听事上房之巨者，至如殿宇。大房东西必有套房，名曰耳房。左右有东西厢，必三间，亦有耳房，名曰盝顶。或有从二门以内，即回廊相接，直至上房，其式全仿府邸为之。内城诸宅，多明代勋戚之旧。而本朝世家大族，又互相仿效，所以屋宇日华。"①这段关于四合院的记载中，四合院的各个建筑要素与现存的实例已经基本一致了。更为重要的是，这段记载道出了四合院的很多建筑单体都是模仿府邸建造的现象。这似乎可以从一个侧面反映垂花门的传播方式。

关于垂花门的实例，据刘敦桢先生《北平护国寺残迹》一文记述，护国寺内也保存有一座垂花门，刘敦桢先生初步认为（但不肯定）"这是一座带有明代风格的垂花门"②。这座垂花门在《乾隆京城全图》上有所表现，为一座独立于院墙的清水脊建筑，似乎能看出垂花门的影子。除此之外，《乾隆京城全图》中并没有发现其他例子。据笔者调查发现，北京现存最早的一座有确切年代记载的垂花门是紫禁城宁寿宫花园二进院和宁寿宫皇极殿两侧的垂花门（紫禁城内钟粹宫等处几座垂花门的建成时间均晚于此），为乾隆三十七年（1772年）左右建造。其中花园内是一座一殿一卷式垂花门（图1-18），与现在多数四合院垂花门形式相似，皇极殿两侧的是独立柱形式垂花门。三座垂花门屋顶均使用了大式建筑的正脊和正吻装饰。在北京西山十方

① ［清］震钧:《天咫偶闻》，北京古籍出版社，1982年版。

② 见《中国营造学社汇刊》，1935年12月刊。

普觉寺（卧佛寺）的行宫院中也建有一座推断为乾隆时期（具体年份不详）的一殿一卷式垂花门，与故宫宁寿宫花园中的形制十分相似。内城的柏林寺行宫院内也建造有一座垂花门（图1-19），同样对照《乾隆京城全图》，图上此处为一座随墙门的形象，因此建成时间当晚

图1-18　故宫宁寿宫花园垂花门

图1-19　柏林寺垂花门

于乾隆十五年（1750年），笔者判断为乾隆晚期。更为重要的是，它印证了笔者在前文中的推断。即使四合院内的垂花门可能被简化，但如此重要的一座皇家寺院行宫内的歇山建筑也被简化的可能性就微乎其微了，结论就是《乾隆京城全图》忠实反映了当时的建筑状况。另外，这座垂花门的形式十分特殊，为单卷歇山卷棚顶形式。它表现出了介乎故宫内大式带正吻垂花门和现存四合院内卷棚顶垂花门之间的形式。在府邸的实例中，恭王府保存了一座推断为清代乾隆后期且与

图1-20　恭王府垂花门背面

故宫垂花门形式十分相似的一座一殿一卷式垂花门（图1-20）。这与文献中记述府邸出现垂花门的情况非常接近，说明垂花门于乾隆晚期开始进入达官显贵住宅（当时为和珅住宅）。清代中期，西山八大处六处的行宫内出现了一座道光到咸丰年间建造的一殿一卷式垂花门（图1-21）。这座

垂花门与前面几座在屋顶形式上发生了很大变化，其两卷屋顶均为卷棚顶排山脊，与四合院内垂花门更接近。位于西城富国街祖大寿住宅中的垂花门推断也建造于清代后期，是一座单卷悬山式样的垂花门（图1-22），也使用了排山脊。由于祖大寿住宅在《乾隆京城全图》中有所描绘，将现状垂花门与图中对比，图上这座垂花门的位置也表现为一座门的形式，而且图中院内另有几座相同形制的门，但是这几座门与护国寺垂花门的表现形式却有很大区别，这几座门更像是一座硬山建筑。清代后期（大约道光末年至咸丰年间）建造的明瑞府第（内务部街11号）中有两座垂花门，均为一殿一卷式，与前两座同时期建造的基本相同。它们均为排山脊这种四合院建筑常见的脊形。而根据笔者调查，北京四合院除了上文所述外，全为清代晚期至民国时期的建筑。它们的脊型有的为排山脊，有的为清水脊，一殿一卷的则多为前卷清水脊、后卷排山脊相结合。因

图1-21　八大处行宫垂花门

图1-22　祖大寿故居垂花门

此，从现存的实例来看，似乎确实像《天咫偶闻》中所述规律那样，垂花门的建造经历了一个先在皇家园林、行宫中建造（形式还保存有

皇家大式建筑屋顶元素），之后王公府邸开始模仿，随后官员和富商们开始相继效仿（式样介乎大式和小式之间），直至最后成为四合院中重要建筑元素的发展过程。

随着垂花门的出现，与之配合使用的另一个建筑要素——廊子，也重新回归到四合院中。之所以说重新回归，是因为清代以前很多建筑都是由廊子相互连接，北京元代的后英房住宅遗址房屋就是由工字廊和回廊连接，明代的紫禁城的三大殿四周也是回廊连接。但是，《万寿盛典图》《乾隆京城全图》《乾隆南巡图》中，不但四合院内没有发现工字廊（不包括宫殿衙署等），连目前四合院常用的抄手游廊形象也几乎没有发现。分析这一时期廊子消失的主要原因，一方面是"工字廊"在明代因占用大量庭院空间而导致消亡，清代仍然延续。另一方面，庭院四周的廊子的消失则是因为廊子多为木结构，很容易在火灾中引起建筑物之间的延烧而导致整组建筑群的毁灭，这使得清代早期和中期多用砖砌围墙替代四周的游廊。至清代晚期，由于垂花门的大量建造，环绕院落四周连接垂花门和各个房屋的游廊（也称抄手游廊）随之大量回归到四合院内。这种回归似乎也是受到了园林建筑的影响，却并未解决火灾隐患问题。在园林建筑中廊子元素一直没有衰退，反而在清代晚期的同治朝到光绪朝愈加兴盛，如颐和园长廊、恭王府花园长廊、醇王府花园长廊、涛贝勒府花园长廊和万寿寺西路长廊（万寿寺西路也在清代晚期建造了垂花门）等很多园林的长廊都在这一时期建造。四合院受到了这种时代思潮的影响，往往将廊子与垂花门配合建造，形成院内不露天的走廊，实现在庭院内休闲停歇的功用。

（2）垂花门及游廊的进入对四合院建筑空间的影响

垂花门和游廊的出现造成了四合院的四大重要变化。第一方面，形象精巧、秀丽的垂花门以其屋身部分精美的木雕装饰和色彩艳丽的彩画与四合院其他建筑形成鲜明对比，为灰砖灰瓦的四合院建筑增添了灵秀气质。第二方面，垂花门作为院落之间的通道，使得四合院院落之间的空间转换点更加富有艺术感染力，游廊中坐凳楣子和倒挂楣子所带来的框景作用，都丰富了四合院的空间氛围。第三方面，垂花门和游廊的建造是四合院向园林化发展的重要节点。四合院的垂花门和游廊的柱子多数采用四角带有向内剔挖出凹槽的梅花方柱，这是园林建筑常用的柱式，柱子的油漆色彩是园林常采用的绿色，彩画是园林中常见的苏式彩画，内侧墙面采用白色。建筑高度上，垂花门大体相当于厢房，廊子则小于房屋中高度最小的耳房。对于四合院建筑来说，这种演变使得四合院内向空间的建筑形象更加多样，建筑更加错落有致，色调更加多彩，建筑氛围更富有生机和活力（图1-23）。第四方面，垂花门及游廊的出现是继大门偏离轴线，使院外进入院内（院内外之间）的路线变得曲折之后，又一个使四合院从外院至内宅（院内前后空间之间）的行进路线变得蜿蜒曲折（图1-24）的举措。这一变化一方面使四合院在实际进深不发生改变的基础上增加了建筑空间层次，从而加强进深感，达到古人理想住宅"深密为贵"的要求；另一方面，相较于之前常使用的随墙门形式的月洞门，垂花门的遮蔽效果更强，即使门扇开启，后檐安装的屏门仍能将院落与院落间隔开，增加四合院的私密性。

图1-23 绿色调的垂花门和抄手游廊式四合院更富生机与活力

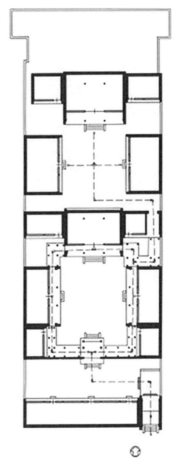

图1-24 四合院行进路线图

3.四合院几种大门形式的发展演变

据史料记载，明代高等级的住宅大门多采用三开间形式，而一般住宅则采用一开间。"一品、二品，厅堂五间，九架，屋脊用瓦兽，……门三间，五架，绿油，兽面锡环。三品至五品，……门三间，三架。"[①]在清代，三开间的大门为"公爵"以上级别的府邸大门。品官住宅则几乎全部为一间，即使一品官最高也只能使用一开间中体量较为高大的广亮大门。这说明清代的宅门形式在体量上已较明代简化。而清代一开间的几种宅门形式中，似乎也不是同时出现的。在康熙朝的《万寿盛典图》中，清楚地绘制了一座广亮大门的形象

图1-25　康熙《万寿盛典图》中广亮大门形象

（图1-25），图上的这座广亮大门与现存的广亮大门在建筑形制上几乎没有区别。另外，金柱大门、蛮子大门在现存的乾隆年间四合院实例中也有发现，如上文所述及的房山区四合院就是金柱大门形式。而窄大门和小门楼的形式在清康熙《万寿盛典图》中也已出现。

唯独现存四合院中最常见的一种宅门形式——如意门没有在史料上看到相关形象。这种大门与前面几种宅门在门扉装修上的区别较大，它采用了砖门墙和木门扉结合的形式，且以其装饰在门上的华丽砖雕闻名。这种宅门形式也没有发现较早的实例，现存实例均为

---

① ［清］张廷玉：《明史》，中华书局，1974年版。

清代晚期及民国时期建造。目前一种说法是，这种大门出现于清代晚期，由于英法联军和八国联军入侵北京，宅院主人为了宅院安全，将木门扉加上了砖墙，使大门更加坚固。另一种说法则认为，拥有如意门的原宅院主人有较高的政治地位，但是因为经济衰败而不得不变卖家产，但新宅院主人因没有政治地位不得不将宅门进行改造。由于受到封建体制的限制，大门的形式、油漆彩画和传统装饰都有具体的规定，而新宅院主人为了显示其财力，只能对大门进行没有限制的装饰，而砖雕就是其中之一。

笔者根据调查结果分析认为：首先，虽然如意门在门口周围加了砖门墙，减小了门洞尺寸，但是其门口部分的门扉装修仍然全部为木门扉，尺寸的减小事实上并不能增强其坚固性和安全性。因此，前文的第一种说法不成立。其次，很多如意门形式的宅门，其体量较高等级的广亮大门和金柱大门并不逊色，而且很多如意门都是在广亮大门或金柱大门形式的基础上改造而成，笔者调查中发现了多处这种改造的实例（图1-26）。如果将这种宅门形式放在大社会背景下观察，一方面砖烧造技术在明代才开始广泛应用于民间建筑，按照技术逐步应用的规律，它确实应该比其他几种传统宅门

图1-26　金柱大门改造为如意门，但门扉位置没变

出现得晚；另一方面，它似乎确与清末传统贵族在经济上衰败而不得不出售房产，而新兴阶级虽然在经济上有实力但是政治上仍然地位较低有关。其关键证据是，如意门的门口尺寸与等级较低且通常在明清北京外城普遍使用的窄大门的门口尺寸大体一致，也与同样低等级的小门楼门口尺寸接近，均为0.85～1米。发现的多处保留原始油漆的如意门，其颜色也和窄大门和小门楼一样为黑色。装饰性极强的如意门的加入，使四合院宅门的艺术气息更浓的同时也向更加华丽的方向

图1-27 装饰性很强的西洋式大门

发展，更促进了四合院砖雕艺术的发展。

清末，随着西方文化的传入，一种西洋风格的宅门也经常出现在四合院建筑之中，称为西洋门。虽然这种风格的建筑在康熙到乾隆时期就开始在圆明园和皇家寺院万寿寺中存在，但是根据实例看，较多使用在四合院中还是清代晚期，尤其是民国时期最多。这种门与如意门有一个共同点就是大量使用砖雕或砖石拼叠图案，其产生的影响除了为四合院添加了新的建筑形象，也与如意门达到了相同的效果（图1–27）。

4. 清代北京四合院建筑的构件和装饰细节的变化及其影响

（1）四合院建筑构件和装饰细节的变化

现存四合院建筑的屋脊形式中清水脊占了大部分，康熙朝的《万寿盛典图》、乾隆朝的《乾隆南巡图》中，屋脊形式也多数为清水脊，但是与现存四合院建筑中的清水脊相比较，有一个明显的区别，就是清水脊两侧蝎子尾下没有花草砖（也称花盘子）装饰，而现存的城区四合院建筑的清水脊则绝大多数使用花草砖这个装饰性极强的构件（图1-28和图1-29）。据笔者调查，远郊区县现存的四合院也较少使用花草砖。这似乎说明花草砖这种装饰构件在北京四合院上使用的历史并不是很长，其影响还没有覆盖整个北京地区。现存较高等级四合院建筑常见的排山脊这种带有垂脊的形式建筑，在康熙朝的《万寿盛典图》中也没有看到。在乾隆五十七年（1792年）成图的《八旬万寿

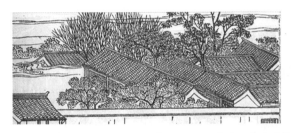

图1-28和图1-29　康熙《万寿盛典图》中没有砖雕的清水脊与实例中带有花草砖的清水脊对比

盛典图说》[1]中我们看到，虽然清水脊还是占主要地位，但是排山脊已经有一定数量了。这种带有四条垂脊的排山脊，其装饰性又要胜于清水脊，因为其屋顶更接近大式建筑屋顶，屋面的曲线更多样，并且四条垂脊的末端都装饰砖雕（图1-30）。

图1-30　排山脊屋面的装饰性更强

　　《鲁班经》绘制的房屋装修图样以及康熙朝的《万寿盛典图》、乾隆朝的《乾隆南巡图》、乾隆晚期（乾隆五十七年）的《八旬万寿盛典图说》中沿街两侧建筑门窗棂心的图案均以较为简洁的一码三箭为主，而现存四合院建筑的棂条图案以较为复杂的步步锦为主，尤其是城区，其次为灯笼锦棂心、井字玻璃屉棂心，后世这几种棂心的几何构图都较为复杂，而早期较为简洁的一码三箭图案则较为少见了，只有在较为偏远的山区四合院中还有少量保留。由此推断，四合院的装饰风格是在清代中后期才开始呈现出繁复、绚丽现象的。这种趋势在垂花门的雕刻艺术上也有表现。垂花门的垂柱头之间在时代较早的建筑中往往是装饰形式较为简洁的一对雀替，而到了清代后期和民国时期，则更喜欢装饰一整块木雕花罩，而且很多花罩都使用透雕的方

---

　　① ［清］阿桂等：《八旬万寿盛典图说》，学苑出版社，2005年版。

图1-31 垂花门华丽的木雕花罩

图1-32 《乾隆南巡图》中前门外商业建筑门窗的灯笼框棂心

法，将花罩雕刻为图案繁复的缠枝花卉题材（图1-31），虽然《圆明园四十景图咏》中绘制的一座垂花门也是花罩，但却是极少数。在上文中提及的内务部街11号内的两栋垂花门，其中一栋的垂柱头间装饰雀替，另一栋为透雕缠枝花卉的花罩（有学者认为花罩是帘幔的变体遗存），这种同一座四合院内两座垂花门花罩的区别反映了道光到咸丰朝从简洁向繁复的过渡。

值得注意的是，在《乾隆南巡图》中绘制的前门地区一带的商业建筑，其门窗棂心较大比例出现了灯笼框（图1-32）、步步锦等后世四合院常用的、较为复杂的图案，这表明当时商业建筑的装饰风格引领了住宅建筑的装饰潮流。

（2）装饰风格的变化对四合院建筑空间氛围的影响

四合院中这种装饰性更强的建筑构件和更加繁复的棂条图案、木雕图案的出现，使得四合院建筑从装修、装饰这种细节上也向更加华丽的方向发展，从而在内部空间风格上完成了向华丽转变的最后一步。而其中尤为重要的是门窗棂心的繁复，原因在于其在整座院落所占面积比例较大，有较强的感染力（图1-33）。

从以上的论述可以看出，一方面清代北京四合院虽然格局和建筑形制基本保持一致，但是宅门位置的变化所引起的格局变化，垂花门和游廊的出现与回归引起的建筑空间和行进路线的进一步变化，单体构件和装饰细节的丰富和变化都完成之后，才形成了当前完全意义上

图1-33　富有感染力的步步锦棂心的门窗装修

的北京四合院的建筑格局和各建筑单体要素及其装饰细节的明显特征，
而这些变化的最终完成时间大约都在清代后期的道光至同治朝，可以
说四合院的定型是在这个时期。另一方面，我们也可以看出北京四合
院的变化趋势是一个由格局上相对开放向更加私密演变的过程，也是
一个建筑单体和装饰风格由简朴向华丽变化的过程。这种向着更加保
守和内敛格局发展的趋势似乎与清代后期我国逐渐开始西化的时代背
景显现了相当的悖逆性。而我们同时应当看到，随着清代统治者的深
入汉化，对汉族礼制要求更加崇尚，加之西方列强的闯入，让国人有
了恐惧心理，造成了建筑上的这种变化，似乎更符合逻辑。

　　自清代后期起，中国逐渐沦为半殖民地半封建社会，随着清王朝
逐渐衰落，满汉分居制度开始废弛，至咸丰朝以后，部分具有相当实
力的汉族官僚、富商在北京内城建造了大型宅院。这一时期，由于社
会的变革和动荡以及西方外来文化的影响，北京的四合院建筑也发生
了改变。一方面，伴随着西方殖民势力的渗入，西方的建筑艺术开始
从沿海向内地逐渐渗透，北京四合院也有部分建筑吸收了西方的建筑
元素，从而出现了很多西式的大门、楼房和装饰构件、纹样等。虽然
这种形式从清代后期至民国时期有逐渐增加的趋势，但是从整个北京
城看，多数四合院传统的布局方式基本保持未变。另一方面，辛亥革
命后，清室覆亡，丧失俸禄的满蒙贵族和八旗子弟，随之纷纷败落，

不得不变卖府邸和宅院以维持生计。部分原来的王府或者大型官宅在变卖后被不断地拆改、添建，很多建筑已失原貌。新的官宦和生活殷实的阶层，为追求时尚，致使原有的居住等级和封建礼仪等方面发生了变革。1928年，都城南迁以后，北京传统的四合院建筑发展基本处于停滞状态。1937年，抗日战争爆发，北京沦陷后，市民经济状况每况愈下，很多原来住独门独院的居民已没有能力养护房子，只好将多余的房子出租，以租金来补贴生活。动荡的社会造成了这个时期独门独户的四合院居民越来越少，院里的房客越来越多，四合院的居住性质发生了变化，由单个家庭或单个家族使用的四合院，开始变成多户共用的宅院。

中华人民共和国成立以后，北京传统四合式建筑在使用上出现了根本性变化。人口政策和城市建设滞后等多方面的缘故，传统四合院建筑无法满足城市的发展和需求。尤其是1976年唐山地震之后，四合院内出现了大量地震棚和临时建筑，使昔日的四合院被分割、改造，一户变多户、一院变多院成为普遍现象。20世纪末期，胡同、四合院的消亡问题十分突出。虽然社会激烈变迁，但是北京城和郊区县还是有部分四合院建筑群仍然保存下来，这些四合院建筑基本上保持了原有的建筑形制，至今仍在沿袭使用，成为发展数百年的四合院建筑的实物见证。

纵观北京城的城市建设发展史，不难看出北京传统四合院建筑经历了缘起、演变、发展、成熟几个阶段。在发展过程中，经过不断创新、发展、强化、精练和调整，最后形成了布局合理、错落有致、内外有别、主次分明、礼制严谨、建筑规范且居住舒适的建筑群体，曾经遍布北京城内城和外城大街两侧或者胡同之中，整齐排列，体现了京味建筑独有的神韵。这些四合院建筑组群，是北京延续数百年传统文化的载体，是最为真实的历史符号和记忆。每一座院落就是一个文物建筑本体，不但具有很好的观赏价值，而且还具有研究北京的历史、建筑、风俗、艺术等方面的重要价值，成为探索、研究北京城市历史发展和城市文化延续的重要实物资料，成为记述北京城数百年营建发展史的重要篇章。

第二章

北京四合院的平面类型及建筑要素

北京四合院在千百年的演进过程中，由于需要适应北京的自然环境、城市布局和文化背景等各种复杂情况，因此便不能一成不变地遵循一种建筑模式，于是产生了北京四合院的不同类型。这种类型的不同，一方面反映在四合院空间布局模式和占地规模大小的变化；而另一方面在封建等级时代背景下建成的四合院，为了更加明显地区分等级制度，因此对各个等级人员住宅中的单体建筑也都做了严格的规定。如四合院形成的重要时期明代就规定："百官第宅：……公侯，前厅七间、两厦，九架。中堂七间，九架。后堂七间，七架。门三间，五架。……一品、二品，厅堂五间，九架，屋脊用瓦兽，梁、栋、斗拱、檐桷青碧绘饰。门三间，五架，绿油，兽面锡环。三品至五品，厅堂五间，七架，屋脊用瓦兽，梁、栋、檐桷青碧绘饰。门三间，三架，黑油，锡环。六品至九品，厅堂三间，七架，梁、栋饰以土黄。门一间，三架，黑门，铁环。品官房舍，门窗、户牖不得用丹漆。功臣宅舍之后，留空地十丈，左右皆五丈。不许挪移军民居止（址），更不许于宅前后左右多占地，构亭馆，开池塘，以资游眺。三十五年，申明禁制，一品、三品厅堂各七间。"而一般的百姓："庶民庐舍：……不过三间，五架，不许用斗拱，饰彩色。……正统十二年令稍变通之，庶民房屋架多而间少者，不在禁限。"①至四合院最终的定型期，清代对官员住宅的单体建筑等级和规模都要比明代更加严格。比如，除了王公府第外，任何一级的官员都不能建造一间以上的

---

① 《明史》卷六十八，舆服四。

大门。至于宅院园林，虽然上文中已经看到明初的严格控制，但是到了明代中后期，随着管控的放松，园林还是迅猛发展起来，以至于一直影响到清代园林，从而使得明清成为北京园林发展的鼎盛期。其中宅院园林是明清园林的重要组成部分，宅园也使得北京四合院的类型和单体建筑内容更加丰富。

第一节　各得其所——北京四合院的布局方法

无论社会如何变化，北京四合院建筑的布局都是按照东西南北四方围合的方式营建。但是由于所处区域和规模等级的差异，四合院也始终在统一中寻求变化。但无论如何变化，四合院的布局都是那么合理与自然，每座单体建筑都能够在四合院内被安排得井然有序、各得其所。

一、北京四合院的基本方位

北京自元代便形成了一个对街巷的特殊称谓——胡同，这个称谓一直延续至今，而北京四合院多数分布在胡同内。胡同有东西向的，也有南北向的，还有斜向的，因此四合院在胡同内所处的位置也不尽相同。这种差异对宅院建筑的空间组合产生了巨大影响，从而使四合院朝向方位各有不同。

四合院建筑分布在胡同两侧，而北京的胡同是以东西走向为主，所以，北京四合院多数位于胡同南北两侧，从而形成胡同北侧坐北朝南、胡同南侧坐南朝北两种院落格局。而分布在南北走向胡同里的宅院，则形成坐西朝东与坐东朝西两种格局（以上方位都是根据大门所开的方向确定）。这样，北京四合院住宅就出现了街北、街南（这两类为主）和街西、街东（这两类为辅）四个基本朝向。除此之外，在北京还有一些四合院根据地形地貌，在以上基本方位的基础上做了适宜的调整，使得院落方位出现了一定偏角。另外，由于北京四合院具有轴线对称性，因此院落便具有了方向性。如果按照主体建筑（即正房）的轴线朝向来判定方位，也有以上几种方位。

在北京地区的地理位置和气候条件下，北京四合院的房子以坐北朝南的北房最适宜生活起居，其次为坐西朝东的西房，东房和南房的朝向较差，不是理想的居住方位。北京有一句"有钱不住东、南房，冬不暖来夏不凉"的民谚，说的就是这种情况。所以只要条件允许，人们建造住宅时，一般都要将主房定在坐北朝南的位置，然后再按次序安排厢房和倒座房。

1．坐北朝南的院落

位于胡同北侧，大门位于院落东南角，朝南开启。如果按照轴线定方位，则院落轴线为由南向北方向（图2-1）。

2．坐南朝北的院落

位于胡同南侧，大门位于院落西北角，朝北开启。如果按照轴线定方位，院落轴线为由北向南方向（图2-2）。有的院落大

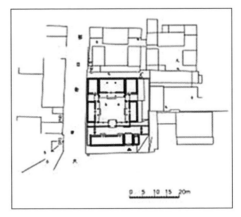

图2-1　大六部口街20号

门虽然开在胡同南侧，但是正房仍然为北房，这种院落如果按照轴线方向为南北轴线也应该属于坐北朝南（图2-3）。

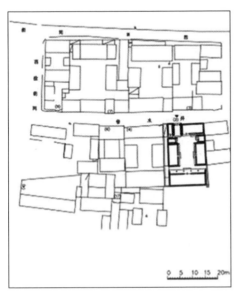

图2-2　惜水胡同2号

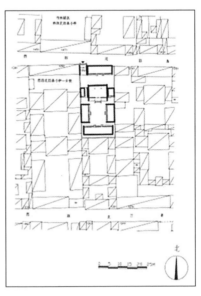

图2-3　西四北三条26号

3．坐西朝东的院落

这种院落分为两种情况，一种为大门位于院落东北角，朝东开启，院落的轴线为由东向西方向（图2-4）。另一种为院落位于胡同西侧，大门位于院落东南角（也有极少数位于东北角），朝东开启。而院落轴线为由南向北方向（图2-5）。因此这种情况下，如果按照大

图2-4 中剪子巷21号

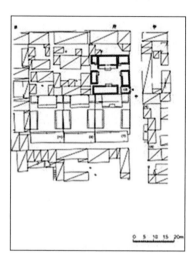

图2-5 中剪子巷3号

门开启方向判定方位则为坐西朝东的院落，如果按照轴线方向判定，则为坐北朝南的院落。

4．坐东朝西的院落

坐东朝西的院落与坐西朝东的院落相对应，院落也分为两种情况，一种为大门位于院落西南角（也有少数位于西北角），朝西开启。轴线为由西向东方向。另一种为院落位于胡同东侧，大门位于院落西南角（也有极少数

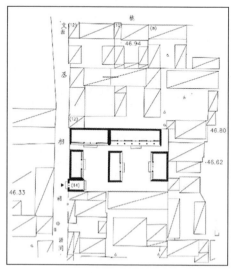

图2-6 文丞相胡同14号

位于西北角），朝西开启。而院落轴线为由南向北方向。因此这种情况下，如果按照大门开启方向判定方位则为坐东朝西的院落，如果按照轴线方向判定，则为坐北朝南的院落（图2-6）。

5．有较大偏角的院落

在北京城内和城外，有部分院落由于地势和河流等原因，院落的方位不呈正南正北或正东正西，而是随着地势或河流的走势呈现出较大偏角。其偏角没有固定的角度和方向，是根据所在地基的地形、地貌决定的。这种情况在明清时期的外城尤为多见。如西城区的铁树斜街和杨梅竹斜街一带的街巷由于历史原因形成了很多斜街，其院落随着街势多有很大的偏角（图2-7）。如原崇文区前门外大街的鲜鱼口街、草场胡同一带在古代存在河流，因此胡同随着河流的走势都是有一定的偏角，造成胡同内的院落也多数呈现偏向东南、东北、西南或西北的现象。

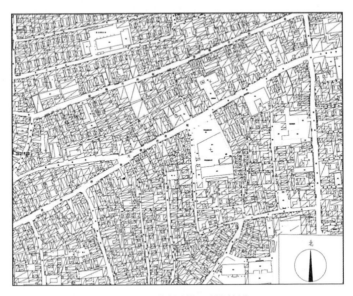

图2-7　杨梅竹斜街和铁树斜街

二、北京四合院的类型

除了朝向方位的不同，四合院的规模也有大有小。同时，四合院建筑等级和所包含的内容也不尽相同，遂形成了不同的类型。北京四合院主要有以下几种类型：

北京四合院最基本的形式是一进院落，也称基本型四合院（图2-8），由东、南、西、北房和大门组成。在基本型院落的基础上通过增加新建筑元素，即在东西厢房之间修建一道围墙，墙上建造一座二门而形成两进院落。或者在一进院基础上通过纵向并置一进院落形成两进院落。当然，北京四合院修筑两进院落的通常做法是修建一座二门相隔，这样就形成了内外院。二门以里是内宅，以外是外院（如图2-9、图2-10）。另外，这座二门在古代也称为仪门，是区别内外的标志建筑。古代讲究礼仪，外人和男宾来到仪门前是非请勿入的。我们后面会详细介绍。

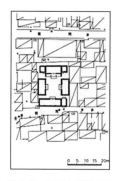
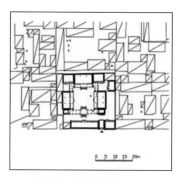
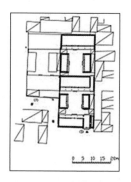

图2-8　白米仓胡同1号　　　　图2-9　民康胡同25号　　　　图2-10　大秤钩胡同5号

在两进院落基础上通过纵向并置或修建后罩房形成三进院落，也称标准型。四进院落和五进院落基本上是重复三进院落的做法，所不同的是四进院落和五进院落的纵深长度多数情况下贯通两条胡同，故最后一进院落多以后罩房的形式出现。由于胡同间的宽度所限（北京最宽的胡同间距是90米左右），除了部分王公府第外，北京四合院最多也只有五进院落（图2-12）。

封建时期虽然对单体建筑的规制做了严格规定，但是对院落规模却不加限制。如明代就规定："（洪武）三十五年复申禁饬，不许造九五间数，房屋虽至一二十所，随其物力，但不许过三间。"[①]也就是虽然限制胡同进深和房屋间数，但院落横向上没有什么限制。因此，有权和有钱人家要想在此基础上扩展规模，就只能在横向上建造多路建筑（图2-13）。这样一来，当时一些权势家族的住宅甚至占据了半条胡同。

图2-11　前门西大街51号

图2-12　西四北三条11号

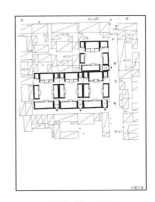

图2-13　并联

为了满足休闲娱乐的需求，有的四合院还修建了花园，进一步丰富了四合院的建筑内容和形式，成为带园林的四合院。如帽儿胡同7号、9号、11号的文昱宅园与东四六条63号、65号的崇礼住宅就是多进多路带花园的宅院（图2-14）。

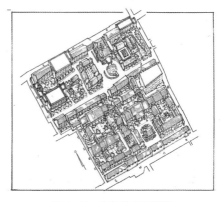

图2-14　崇礼住宅鸟瞰图

需要提出的是，北京四合院并不是所有的院落都按照上面的规律和模式进行组合，有很多按照自

①《明史》卷六十八，舆服四。

己实际需要改造的四合院，比如某进院落没有东厢房或西厢房，或在第三进院落前修建垂花门的。总之，在总体风格保持四合院格局的前提下，北京四合院局部处理上十分灵活。

第二节　各美齐美——北京四合院的建筑要素及其文化

四合院是一组建筑的概念，由多座单体建筑构成。北京四合院的单体建筑主要包括大门、门房、倒座房、影壁、垂花门、看面墙、正房、厢房、耳房、廊子和后罩房，有的大宅院还有花园建筑（图2-15）。在封建时期，同一类型的宅院，受宅院主人身份差异的影响，其单体建筑的式样也会不同。近代以后，受西方建筑思想的影响，很多西洋建筑的元素开始进入四合院建筑，四合院的单体建筑形式更加丰富。

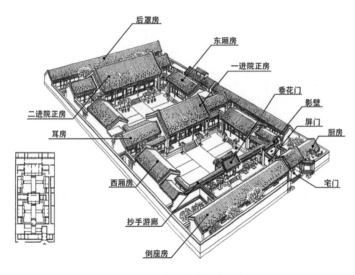

图 2-15　四合院建筑构成要素图

一、北京四合院的宅门

四合院的宅门（也俗称大门）是院落出入的通道，也是四合院最讲究的建筑单体。古代"阳宅三要"分别是门、主房、灶，"阳宅六事"分别是门、路、灶、井、炕、厕，门都是排在了第一位，我国古代建筑讲究"门面"由此可见一斑。诚然，北京四合院也是如此。宅门是北京四合院等级和财富、素养的象征，北京就有门当户对的说法，也就是门的等级要相当，建筑的开间等级也要相同。在封建社会，由于宅院主人身份等级的差异，四合院大门的式样会有所区别。主人财力和喜好的不同，也会形成不同的建筑风格。因此，北京四合院的宅门是重点建造和装饰的建筑单体要素。这也就使宅门成为北京四合院建筑要素中形式最为多样的一个。

　　一般情况下，东西向的胡同内，位于北侧的院子宅门建在院落东南角的位置，是八卦的巽位，意为风，有紫气东来的寓意；胡同南侧的院子通常将大门建在西北角的位置，是八卦的乾位，意为天。南北向街巷东侧的院子通常将大门建在院落西南角的位置，朝向西，八卦的坤位，意为地；西侧的院子通常将大门建在院落东南角的位置，朝向东，是八卦的巽位。但是，也有南北向街巷两侧的院子为了打造坐北朝南的院落格局，在院落南侧开辟一条小胡同，使大门坐落于院落东南角且朝南开启，如中剪子巷7号、9号、11号，就是这样一组院落。大门多数都是独立于倒座房而单独建造的，具有独立的屋面、屋身和台基。在古代，四合院很少建造后门，院落的唯一通道就是大门。

1. 广亮大门①

　　广亮大门是住宅类建筑中仅次于王府大门的宅门形式，也是四合院建筑中等级最高的宅门形式。

　　广亮大门一般位于院落东南侧的第二间位置，其高度和进深大于两侧的倒座房和门房，有独立的台基、屋身和屋面，台基一般高于倒座房和门房，基本上都是硬山顶，屋脊形式以清水脊和披水排山脊最为多见，屋面几乎均为合瓦屋面。

　　这种大门的大木构架多数采用五檩中柱式，屋架有六根柱子，分别是前后檐柱和中柱（也称山柱），中柱延伸至脊部直接承托脊檩，三架梁和五架梁位置分为两段（前檐柱和中柱间的梁称单步梁和双步

---

　　① 广亮大门：又称广梁大门，是四合院宅门中的一种，属于屋宇式大门，是具有相当品级的官宦人家采用的宅门形式。

梁）插在中柱上，这样做是为了能够使用短料加工，取材更容易。广亮大门的门扉安装在中柱（或称山柱，大门山墙中间）的位置，由抱框、门框、余塞板、走马板、门槛和门枕石等组成。由于门安装在门洞中间位置，门洞前半部分形成较宽的门廊，同时，广亮大门又常常配合撇山影壁建造，以拓展门前空间，使得大门前显得广阔、敞亮，这可能就是广亮大门名称的来源。

广亮大门门扉和柱子的颜色为红色，门扇中槛框的中间位置镶嵌有二枚或四枚木制门簪，起到固定和连接中槛框和边梃的作用，因其形似女士头上佩戴的簪子，故名。门簪有圆形、六边形、八边形和梅花形，簪体前部多为素面，部分会雕刻花卉纹饰或文字，花卉有牡丹、菊花、梅花等，文字则主要为吉祥祝语，如吉庆如意、岁岁平安等。在门扉的下槛两侧安装有石制门枕石（或称抱鼓石），门枕石中上部开凿有铸铁的半圆形凹窝以承托门扇的门轴，门扇以外部分打凿成圆鼓形（少数为方形），称为门墩。门墩上部常常雕有蹲趴的狮子或者狮子头，门墩外侧面也常常雕刻有纹饰和图案。广亮大门的前檐柱上部通常会装饰雀替，后檐柱上部处也装饰有倒挂楣子或雀替。门扇前后的门洞墙壁上常常有海棠池线脚形式装饰。门内墙壁的海棠池线脚，中心部分砌砖或者刷抹白灰，称为邸门。门外部分称为廊心墙（图2-16）。

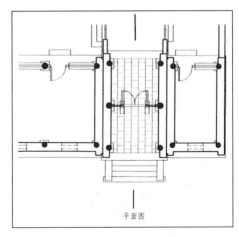

平面图

图2-16　广亮大门平面图

广亮大门的清水脊两端和排山脊末端会镶嵌一块雕花砖作为装饰，称为花草砖。此外，大门山面的博缝头和前檐饿檐有的也装饰砖雕图案。

根据北京四合院的现状看，现存使用广亮大门的清代四合院多是当时一品、二品、三品官员或勋贵的住宅。如西堂子胡同的左宗棠宅，东四六条63号、65号的崇礼住宅，沙井胡同15号的奎俊宅，使用的就是这种形式的大门。民国时期，也有部分富户的四合院建造广亮大门，如西四北三条11号。清代实行满汉分居政策，汉族官员和平民都只能居住在外城，满蒙贵族和官员居住在内城。直至清末，部分高等级的汉族官员才居住进了内城。虽然民国以后封建制度灭亡，但是延续下来的传统还是官员、富户多数住东城和西城。由于目前留存下来的四合院多数为清代和民国所建，所以广亮大门这种宅门形式在北京城外城与郊区县出现的数量很少，绝大多数在内城。另外，明

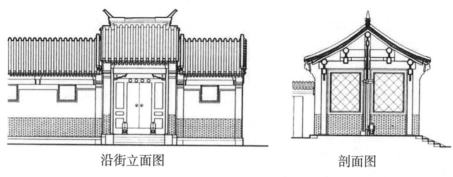

<table>
<tr><td>沿街立面图</td><td>剖面图</td></tr>
</table>

图2-17　广亮大门立面图、剖面图

图2-18　东四六条63号、65号广亮大门

图2-19　西四北三条11号广亮大门

清以来形成的外城街巷空间较为狭窄且河道交错也不利于建造大规模住宅。

图 2-20　景阳胡同 1 号广亮大门及撇山影壁

2. 金柱大门[①]

金柱大门的等级仅次于广亮大门，一般情况下也位于院落东南角的第二间位置。其门扉较广亮大门向前檐推进了一个步架（长 0.85～1.2 米），设在金柱的位置，故名金柱大门。这种设计使其门洞前部形成了较窄的门廊。

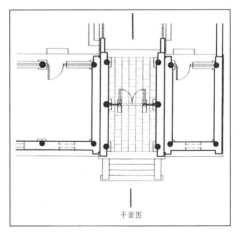

平面图

图 2-21　金柱大门平面图

金柱大门的大木构架多采用五檩前出廊形式，少数采用七檩前后廊形式。五檩前出廊形式有六根柱子承托屋架，前后檐各两根，前檐柱向后一步架位置设置两根金柱承托五架梁，金柱和檐柱间连接

---

① 金柱大门：四合院宅门中的一种，属于屋宇式宅门，在等级上低于广亮大门，一般为具有一定品级的官宦人家采用的宅门形式。

有抱头梁或者穿插枋。七檩前后廊形式平面有八根柱子，即在五檩前后廊的基础上，在后檐前一步架位置设置两根柱子，称后金柱。前后金柱承托五架梁，在前后檐柱和金柱间连接有抱头梁或者穿插枋。金柱大门的屋脊多使用清水脊、披水排山脊，也有少部分使用鞍子脊。

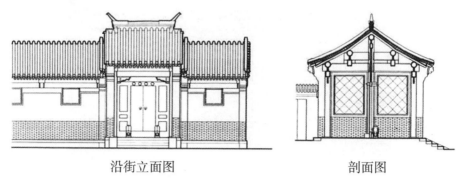

沿街立面图　　　　　　　　　剖面图

图 2-22　金柱大门立面图、剖面图

　　同广亮大门相似的是，金柱大门门扉和柱子的颜色也为红色，且同样在门扇中槛中部设置有四枚门簪（也有少量两枚的），下槛两侧安装有石制门枕石（或称抱鼓石），前部有圆形或方形门墩。部分金柱大门装饰有雀替、倒挂楣子、邱门和廊心墙、花草砖、博缝头砖雕和戗檐砖雕（图2-23、图2-24）。

图2-23　金柱大门1　　　　　　图2-24　金柱大门2

金柱大门形式的宅门也多集中在内城，是封建社会较高品级的官员常使用的一种宅门。目前，北京四合院中部分门扇开在金柱位置，体量较小的大门，也称小金柱门。

3. 蛮子大门①

蛮子大门的级别低于金柱大门，一般富户都能使用。蛮子大门和金柱大门外观上的区别就是，其将门扇、槛框、门枕石等开在了前檐柱的位置。蛮子大门的名称由来无从考证，马炳坚先生的《北京四合院建筑》中介绍，有一种说法是南方到北京经商的人将金柱大门和广亮大门的门扇推至前檐位置，以防止贼人藏在门洞内伺机作案。由于过去

图 2-25 蛮子大门 1

对南方一些少数民族很不尊重的叫法称为南蛮子，故称蛮子大门。

蛮子大门的木构架一般采用五檩硬山式，也有部分采用五檩前廊式或五檩中柱式。五檩硬山式只有前后檐各两根柱子承托五架梁。蛮

图 2-26 蛮子大门 2

图 2-27 蛮子大门 3

---

① 蛮子大门：四合院宅门中的一种，属于屋宇式宅门，形制等级低于广亮大门、金柱大门，是一般商人富户常用的一种宅门形式。

子大门的屋脊形式以清水脊、鞍子脊和披水排山脊几种形式较为多见，屋面多为合瓦屋面，部分山区的四合院采用合瓦棋盘心屋面。门墩为圆形或方形，没有定式和规矩。其余装修与金柱大门相似。蛮子大门有体量较小、形式较为简单者，称为小蛮子大门。这种宅门形式在内城、外城和郊区县都较为常见。

4．如意门[①]

如意门是广大平民百姓都可以使用的一种宅门形式。因此这种形式的大门在北京四合院中最为常见。如意门的建造方式是在前檐柱之间用砖砌筑，只在中部位置留一个门洞，门的抱框、槛框、门板和门枕石等构件都装在砖砌门洞上，其颜色在封建社会以黑色为基础色（部分门扇上雕刻有红色门联）。由于在门洞上方左右两角各有一个用砖雕刻成的如意形装饰（一称象鼻枭），故称如意门；也有说因为如意门的两枚门簪上经常雕刻"如意"二字而得名。

如意门的木构架一般采用五檩硬山式或五檩中柱式，即平面上布置四根或六根柱子承托屋架，前后檐柱头上承托双步梁或五架梁，抑或中柱直通脊檩。屋脊形式以清水脊、鞍子脊和过垄脊较为多见，屋面多为合瓦屋面，部分山区的四合院采用石板瓦棋盘心屋面。

如意门不同于其他形式大门的最显著特点就是其包砌在前檐柱的门墙，这是北京四合院中其他任何一种形式的门都不具备的特点。门墙立面上大致可以分为门口以上的门楣栏板部分和门口两侧的墙体部分，最上部的栏板部分常常雕刻人物故事、花鸟图案、博古器皿等为题材的砖雕，也有做成素面桥栏板形状或者用合瓦拼成花瓦图案，门楣部分则常常雕刻万不断、连珠纹、缠枝花卉等图案。门口两侧墙体则一般都是以素面青砖干摆砌筑（磨砖对缝）成光洁平整的墙面。在戗檐和墙腿子的墀头部位也常常装饰砖雕图案，戗檐处砖雕题材多

---

① 如意门：四合院宅门中的一种，属于屋宇式宅门，形制等级低于广亮大门、金柱大门、蛮子大门，多为一般百姓所用。

为花卉，墀头部位多为一个花篮图案。此外，大门内五架梁以上至山尖部位的山墙灰浆上（或者砖墙上），常常刻画有各种图案作为装饰，称为象眼灰雕或象眼砖雕。象眼砖雕虽然在蛮子大门和金柱大门中也有见到，但以如意门最为常见。门洞的宽度一般在0.9米左右，即俗语所谓的"门宽二尺八，死活一齐搭"。在古代门宽二尺八寸，红白喜事的仪仗轿辇都可以顺利通过。较前几种大门，门洞上的门扉两侧没有了余塞板，抱框和门框合而为一，门板直接安装在上面，余塞板部分由门墙代替。

图2-28 如意门1

图2-29 如意门2

图2-30 如意门素面栏板（西半壁街41号）

5. 窄大门

窄大门也是广大平民百姓住宅使用的一种宅门形式。窄大门不像前几种宅门那样需占用一整间房屋，它只占用半间房子的空间，因其占用空间狭窄，故名窄大门。很多窄大门与倒座房共用一道山墙，而不像前面几种宅门具有独立的山墙，为了区别门与倒座房，在前后檐墙上砌出墙腿子，屋面稍稍高出倒座房。有的窄大门甚至木架结构就是与倒座房为一体，只是在倒座房一端开辟半间，砌筑上山墙作为门道，在门道前檐（倒座房临街的后檐）位置安装门扉、门枕石等构件，门扉形式很像蛮子大门去掉了两侧余塞板，显得瘦长。门扉上部的走马板占了整个门扉的近三分之一。其屋面与倒座房屋面之间，在共用的山墙处隔开一垄瓦以示区别，或在大门屋面上做出与倒座房不同形式的屋脊以示区别。窄大门的屋脊形式以鞍子脊、过垄脊和清水脊较为多见，屋面多为合瓦屋面，部分山区的四合院采用石板瓦棋盘心屋面。

图2-31　窄大门1

图2-32　窄大门2

图2-33　窄大门3

图2-34　门扇开在金柱位置的窄大门

窄大门的木架结构多为五檩硬山式，也有部分为五檩前廊式和五檩中柱式，更多的是与倒座房为一个整体屋架。形式由于节省空间和建筑材料，窄大门在平民人口大量聚集的明清北京外城很常见，内城则相对少见。窄大门的特点就是空间小、形式简洁朴素，但是也有部分窄大门在门簪、戗檐和博缝头处进行装饰，还有的在脊部装饰有花草砖。与如意门一样，窄大门的门扉颜色也以黑色作为基调。

此外，也有部分窄大门将门

扇装在了金柱的位置，其形式很像"小金柱门"，但是由于其空间、屋身和屋面特征仍然主要表现为窄大门特征，故而也应称为窄大门（图2-34，南芦草园胡同12号）。

6. 西洋式大门

西洋式大门在北京四合院中也比较多见，它是清代晚期西方建筑文化开始大量传入中国以后，与中国传统大门建筑结合产生的一种宅门形式。这种门在宅院中的位置与其他形式大门的方位基本相同，只是采取了西洋的建筑风格。

西洋式大门一般分为两种形式，一种是屋宇式，另一种是墙垣式。屋宇式西洋大门，其构架还是传统形式的木构架，在门道前檐位置砌筑出西洋风格的外立面。墙垣式西洋门则只砌筑出西洋门的外立面，没有后部的屋宇。西洋式大门一般采取单开间，两侧砌筑砖柱，砖柱间是砖墙，在砖墙中间位置留出大小适中的门洞。门洞有的为拱券式，门洞上和砖柱上部常常使用冰盘檐形式或者砖叠涩的方法分隔开，其上用砖砌筑出各种具有西洋建筑风格的门头造型（图2-35～2-38）。

图2-35　屋宇式西洋式大门

图2-36　东中胡同3号西洋式大门

图2-37 西洋式大门1

图2-38 西洋式大门2

图2-39 小门楼

从目前保存的北京四合院来看，西洋式大门主要是民国时期所建，其分布从内城到外城，从城里到乡村，从大型四合院到小型四合院，使用较为广泛。同时，宅院的主人以商人和民国时期的律师和留学归来的官员为主。如北京外城大栅栏地区由于商人住宅密集，西洋式大门就较为常见。

7．小门楼

小门楼属于墙垣式大门的一种，相较于屋宇式大门更加简单，等级也相对低，多数使用于三合院和小型四合院。小门楼是砖结构，主要由墙腿子、门框、门扇、门楣、屋顶、脊饰等构建组成，构造简单，装饰朴素。但也有部分门会在门楣一周装饰砖雕图案，在清水脊两侧装饰花草砖。目前所见到的小门楼多数为筒瓦或者灰梗屋面。

图2-40　随墙门

8．随墙门

随墙门也属于墙垣式大门。它是在院墙上留出或开凿一个门洞，门洞上部做出一道木质或石质过梁，再在门洞上安装抱框和门扇，有的甚至都没有门墩，只简单地在一块方石上开凿一个海窝承托门轴，构造极其简单。这种形式的门主要作为四合院的便门或者三合院使用。

除了以上几种大门之外，还有大车门、栅栏门两种形式的门，都属于墙垣式大门。这两种门并不多见，一般都是四合院住宅兼商业性店铺，或是宅院的马圈才会使用。

二、北京四合院的影壁及屏门

影壁是四合院中起到遮挡和美化作用的建筑物。影壁根据所处位置的不同，可以分为大门外和大门内两种。而根据影壁形式的不同，又可以分为一字影壁、八字影壁和座山影壁三种。影壁基本上都是由砖砌筑的，屋面使用筒瓦屋面。屏门是建在大门内侧且与大门内侧影壁相邻的一座随墙门形式的门（与垂花门组合使用的木屏门除外），顾名思义也是起到屏障作用，保护宅院主人隐私。与此同时，四合院使用不同形制的影壁也成为宅院身份等级的标志。

1. 一字影壁

一字影壁有两种形式。一种是位于大门外，与大门相对而建（图2-41）。这种形式的影壁在封建社会，只有王公府第的一级住宅才能使用。民国以后，少数四合院大门外也建造了一字影壁。另一种一字影壁是位于大门

图2-41　郭沫若故居门外一字影壁

内正对大门处建造（图2-42）。能使用这种一字影壁的在古代多数都是高等级官员的住宅，尤其是设在大门外的一字影壁，更是王公级别的勋贵才能使用。

图2-42　大门内一字影壁

2. 八字影壁

八字影壁一般位于大门外，正对大门建造，其形状呈"八"字形，故名（图2-43）。这种形式的影壁，在四合院建筑中极其少见，只有少数高等级的住宅才使用。

图2-43　八字影壁

3. 撇山影壁

撇山影壁建在大门外两侧，与大门的山墙相连。这样就在四合院大门前形成了一个半环抱的小广场空间，显得门前格外宽敞。撇山影壁又分为普通撇山影壁和一封书撇山影壁两种形式

图2-44　大门两侧撇山影壁

（图2-44）。普通撇山影壁是在大门山墙两侧建影壁，多应用于广亮大门上，也是封建社会高品级官员才能使用的影壁形式。而一封书撇山影壁一般使用在皇家建筑内，四合院中绝少使用。

4. 座山影壁

座山影壁建造在大门内侧与大门相对的厢房或者厢耳房的山墙上，一半露明，一半砌筑在山墙上（图2-45）。这种影壁是在北京内城外城和广大乡村都普遍能见到的建筑形式，任何级别的住宅都可以使用，主要起到美化装饰作用。

图2-45　座山影壁

5. 屏门

四合院常常在大门内的一侧或两侧建造屏门，以起到屏障作用。这种屏门一般建在影壁与临街倒座房之间，或在倒座房远离大门的另一端最后一间的位置，称为屏门（图2-46）。大门一侧通往院内的屏门往往还会向院内

图2-46　影壁与倒座房之间的屏门

出一级至三级不等的台阶。

三、北京四合院的二门和房屋

1. 倒座房

倒座房是与大门相连的临街建筑，其前檐朝向院内，后檐朝向街巷。屋架一般采用五檩硬山式，面阔多为四间。使用窄大门的小型宅院有三间半的，超大型的宅院也有六间、八间的。倒座房属于整个院落中建筑形制较低的建筑，一般低于大门和正房。由于后檐墙朝街巷，因此倒座房的后檐墙十分显眼。其建造形式主要有两种：一种称为老檐出形式，一种称为封后檐出形式（图2-47、图2-48）。较为讲究的院落中，与大门相连的一侧会建造独立的山墙，很多情况下都是利用大门的山墙。

图2-47　老檐出形式倒座房

图2-48　封后檐出形式倒座房

2. 厨和厕

古代有一句俗话叫"东厨西厕"，说的就是四合院厨房一般建在院落的东侧，厕所建在西侧。以坐北朝南的四合院为例，与大门东侧相连的房屋用作厨房，房屋大多数是一间，少数也

图2-49　厨房

有两间的，小型四合院甚至没有。其建筑形制一般与倒座房相同，也有认为在古代用作私塾。在大门西侧倒座房的最西头一间一般开辟为厕所，讲究的四合院还会专门建造一座门将其与外院隔开。倒座房邻近大门处开辟为门房，其余开辟为外客厅，有时候客厅也兼有书房和私塾的功能。

3. 二门及看面墙

二门位于四合院内，供内外院出入之用。上文已经提到，二门是一道礼仪性质的门。我国是礼仪之邦，在古代，讲究的宅院内，居住的人员有男女尊卑之分，对于来访人员则有亲疏远近之别。家中的主人和女眷居住在二门以内，也就是内宅，而男仆人等要居住在外院。来访客人如果不是非常亲密或者尊贵，则也是在外院接待。

四合院的二门有几种形式，即垂花门形式、月亮门形式和小门楼形式。在二门两侧都会建造一道隔开内院与外院的围墙，称为看面墙。

垂花门形式是单开间悬山顶建筑，体量不大，开间尺寸2.5～3.3米，进深略大于面宽。其主梁前端穿过前檐柱并向前挑出，形成悬臂梁的形式。在挑出的梁头之下，各吊一根短柱，柱头雕刻花饰，十分美观精致，垂花门也因此而得名。[①]柱头常见纹饰为含苞待放的莲花和方灯笼，此外，两个短柱间还常常装饰一块雕刻着缠枝花卉的木板，称为大花板。垂花门的屋面与大门不同，是采用筒瓦，而不采用合瓦。

垂花门可谓四合院中装饰最华丽的建筑单体。尤其以华丽的木雕和大范围的彩画而著称。常用的垂花门有三种不同形式：一殿一卷垂花门、单卷垂花门、独立柱担梁垂花门。

一殿一卷垂花门形式美观，在四合院内较为常见。其屋面为两卷勾连搭形式，前面一卷为清水脊的悬山顶，后面一卷为悬山卷棚顶。

---

① 马炳坚:《北京四合院建筑》，天津大学出版社，1999年版。

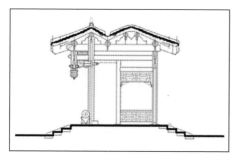

图2-50 一殿一卷垂花门剖面图

图2-51 一殿一卷垂花门正面

图2-52 一殿一卷垂花门侧面

一殿一卷垂花门平面有四根落地柱,前卷、后卷各两根檐柱,前檐柱上安装槛框、门扇、门墩等构件,后檐柱安装四扇屏门(图2-50)。后卷往往还连接抄手游廊。

单卷垂花门是在一殿一卷垂花门形式的基础上减去后面一卷。其形制多为五檩或六檩卷棚顶。前檐和后檐的装饰与一殿一卷式垂花门基本相同。

独立柱担梁式垂花门平面只有两根柱子,梁穿过柱形成十字交叉,梁对称地挑出于柱子两侧,称为担梁。梁的两端各承托一根檐檩,梁头两端各悬挑一副垂莲柱。落地的柱子则采取深埋到地下或插在夹杆滚墩石上固定的方式。由于独立柱式垂花门形式简洁、占用空间小,所以多用于庭院进深短的四合院。另外,有的院落厢房没有前廊,也就失去了建造抄手游廊的意义,因此也经常采用独立柱式垂花门。

月亮门又称月洞门,是进深较小的院落为了节省空间常采取的二门形式,其形式更为简洁素雅。具体建造方式就是在看面墙的中部开辟一座圆形或六边形、八边形门洞。另外,月亮门也经常开辟在院落与院落之间的围墙上,用作两路院落之间的通行。

月洞门虽然简洁，却不简单。它不但节省空间，圆形的轮廓也十分优美，而且月亮自古就是诗情画意的代表，也是民间团圆美满的象征。可以说，这种门大大丰富了四合院的空间形式美和内涵美。

图2-53　月亮门1　　　　　图2-54　月亮门2　　　　　图2-55　月亮门3

小门楼也是比较简洁的一种二门形式，与大门中的小门楼形式基本相同，只是体量更小，采用砖砌筑，筒瓦屋面，两侧连接看面墙（图2-56、图2-57）。

图2-56　大六部口街20号
小门楼式二门　　　　　　　　图2-57　小门楼式二门

4. 正房、上房与厅房

正房也称上房，一般位于院落的轴线上，是每座院落中体量最高大、等级最高的建筑。正房的屋架形式多为七檩前后廊、五檩前廊或六檩前廊，面宽以三间或五间最常见。正房的屋脊形式以清水脊、鞍子脊为主，传统四合院的正房多仅在前檐明间开门，次、梢间均开窗。门的形式主要有隔扇门和夹门窗两种，窗的形式以支摘窗为主。四合院中其他房屋建筑的前檐装修也类同于正房。

少数四合院的正房建筑风格受西方建筑影响，也采取了部分西式建筑装修，如柱廊、西式门窗等。目前，由于现代材料的使用，四合院门窗的装修发生了很大改变，基本上以大玻璃窗为主了。

图 2-58　前公用胡同 15 号正房　　　　图 2-59　东四六条 63 号崇礼住宅正房

5. 厢房

厢房是位于正房前、院落两侧，相向而建的房屋建筑。两座房屋的建筑形式相同，体量小于正房，屋脊形式一般情况下也会低于正房。例如，正房采用清水脊，则厢房通常采用鞍子脊或过垄脊。但是，有的宅院也采取与正房相同的屋脊形式。厢房屋架多采用五檩硬山式、五檩前廊式和五檩中柱式。多数情况下东厢房比西厢房体量稍微大一点，面阔宽5～20厘米。厢房前檐装修多数与正房一致，在明间开门，次间开窗。

图 2-60　前公用胡同 15 号厢房

6. 耳房

耳房位于主房的两侧，如人的两只耳朵，可能即由此得名。耳房至迟到清代乾隆年间已经有这一称呼，清代乾隆年间修撰的《日下旧闻考》中就有耳房的记载。在四合院中，耳房又分为正房两侧的耳房和厢房一侧的耳房两种。一般将正房两侧与正房处于一条直线上、与正房相接且比正房矮小的房屋称为耳房。而将厢房一侧、与厢房相接且比厢房矮小的房屋称为厢耳房（图2-61）。

图 2-61　耳房

7. 廊子

廊子是用于连接院落内各个房屋的、两侧或一侧畅通的建筑物。四合院内的廊子分为抄手游廊、窝角廊子、穿廊和工字廊等几种形式。廊子与房屋建筑相接的廊心墙上开一个门洞，称为廊门筒子，以便直接从廊子进入房屋。

（1）抄手游廊

抄手游廊是建在垂花门两侧，折向厢房连通至正房的游廊，因为其形似张开环抱的两只手臂，故称抄手游廊（图2-62）。抄手游廊与各个房屋连接起来形成回字形，因此下雨或者下雪时人们就可以穿梭在廊子之间，而不用承受雨雪之扰。平日里人还可以坐在廊子下，夏天乘凉，冬日晒暖阳，非常舒适。

图 2-62　垂花门两侧游廊

（2）窝角廊子

顾名思义，窝角廊子是院落内没有通长的抄手游廊，仅在正房和厢房之间的夹角处建造的矮小廊子，因其窝在一个角落内，故称窝角廊子。

图 2-63　窝角廊子

（3）穿廊

北京的四合院内，院与院之间或路与路之间有的不以房屋或者围墙分隔，而是建造一条廊子分隔且沟通，这种廊子称为穿廊。

（4）工字廊

北京有极少数四合院还保存有早期建筑常用的工字廊，那就是在前院正房和后院正房之间建造一条直通的廊子，从而在平面上形成工字形，故称工字廊。

廊子一般采用过垄脊筒瓦屋面，木构架多为四檩卷棚顶。廊子的柱子也多不采用房屋通常使用的圆柱，而是采用方柱或梅花方柱，柱子的颜色多为绿色。清代至民国时期也有一部分平顶廊子，不使用三角形梁架，而是直接将梁横架在柱之上，再铺屋面。

8．过道

院落内用于沟通前后院而在次要房屋上开辟或单独建造的通道统称过道。坐北朝南的四合院，进深方向的过道一般都将东耳房东侧半间开辟为过道，坐南朝北的院落通常开在西南耳

图 2-64　过道

房靠西的半间。过道前后檐柱上一般都会装饰倒挂楣子、花牙子（图2-64）。

9. 后罩房

后罩房是多进四合院后端临街的房屋建筑，一般都做成通长的数间房屋，其屋架结构多为五架梁。后罩房的形制与倒座房基本相同。古代后罩房极少开后窗，只在前檐方向安装门窗（图2-65）。

图2-65　后罩房

10. 院墙

院墙是连接四合院四周各房屋形成围合状院落的围墙。北京传统四合院的围墙基本上都是用青砖砌筑。砖的摆砌方式以顺砖十字缝为主，砌筑工艺以淌白和糙砌为主，也有部分院墙采用丝缝。在北京的山区，有的院墙使用石头垒砌，其中以毛石干垒为主。

第三节　花木含情——北京四合院的庭院绿化及园林

　　绿化在中国古代已经被看作一种文化，尤其是花卉，更为人们所喜爱，清代于敏中撰写的《日下旧闻考》就记载了北京花市的数种花卉："京师左安门外十里曰草桥，居人以花为业。都人卖花担每辰千百散入都门，入春而梅、而山茶、而水仙、而探春，中春而桃李、而海棠、而丁香，春老而牡丹、而芍药、而李枝。入夏榴花外皆草花。花备五色者，蜀葵、莺粟、凤仙，三色者鸡冠，二色者玉簪，一色者十姊妹、乌斯菊、望江南。秋花耐秋者红白蓼，不耐秋者木槿、金钱。耐秋不耐霜者，秋海棠、木槿，南种也，最少。菊北种也最繁，种菊之法自春徂夏，辛苦过农事。菊善病，菊虎类多于螟螣贼蟊，圃人废晨昏者半岁，而终岁衣食焉。增京师粥花者以丰台芍药为最，南中所产。"①北京四合院继承了这一传统，在庭院的内外均有绿化，是四合院的重要组成部分。另外还有一些北京四合院建造了花园。这些园林有的位于四合院的后部，有的位于住宅的一侧，丰富了北京四合院的建筑种类和绿化种类。从清代震钧转引阮文达的《蝶梦园记》记载蝶梦园的建筑和绿化可见一斑："阮文达公蝶梦园在上冈。公有记云：辛未、壬申间，余在京师赁屋于西城阜成门内之上冈。有通沟自北而南，至冈折而东。冈临沟上，门多古槐。屋后小园，不足十亩。而亭馆花木之胜，在城中为佳境矣。松、柏、桑、榆、槐、柳、棠、梨、桃、杏、枣、柰、丁香、荼蘼、藤萝之属，交柯接荫。玲峰石井，嵌崎其间。有一轩二亭一台，花晨月夕，不知门外有缁尘也。"②目前保存下来的清代文煜的可园、崇礼住宅花园和民国时期建造的马辉堂花园都是宅园中的精品。

---

① ［清］于敏中：《日下旧闻考》，北京出版社，2018年版。
② ［清］震钧：《天咫偶闻》，北京古籍出版社，1982年版。

一、北京四合院庭院外绿化品种及其文化探寻

北京四合院常会在院外的大门和倒座房处种植高大的落叶乔木，旧时以槐树、榆树为主。这主要是因为高大的树干和树冠荫庇着宅院大门，可以使树荫下的大门显得更高大。同时，树木还有调节小气候的作用。因此，这些树木在历史发展过程中便被赋予了美好寓意。

旧时北京的大街、胡同、四合院以植槐树为最多，"有老槐必有老宅"这句谚语，形象地道出了北京四合院绿化的这一现象。而槐树又以国槐最为普遍。《帝京景物略》记载了明代成国公家的一棵古槐："堂后一槐，四五百岁矣，身大于屋半间，顶嵯峨若山，花角荣落，迟不及寒暑之候。下叶已兔目鼠耳，上枝未荫也。绿周上，阴老下也。其质量重远，所灌输然也。"①古人之所以对槐树情有独钟，原因很多。一方面，槐树适应我国大部分地区的气候，生命力强。另一方面，槐树生长快，木质坚硬，有弹性，能够做船舶、车辆和器具等；槐花和槐实为凉血、止血药；根皮煎汁，治疗火烫伤；花可做黄色染料。可以说槐树适应北京的气候条件且浑身都是宝，具有巨大的实用性。更为重要的是，槐树的种植还承载着深厚的文化渊源。

周代时，朝廷在外朝区种植槐树和棘树，公卿大夫分坐其下，作为列班的位次。后来便以"槐棘"或"三槐"喻指三公九卿之位。《周礼·秋官·朝士》就记载："朝士掌建邦外朝之法。左九棘，孤卿大夫位焉，群士在其后；右九棘，公侯伯子男位焉，群吏在其后；面三槐，三公位焉，州长众庶在其后。"郑玄注："树棘以为立者，取其赤心而外刺，象以赤心三刺也。槐之言怀也，怀来人于此，欲与之谋。"②《礼记·王制》也记载："正以狱成告于大司寇，大司寇听之棘木之下。"③至汉代时，槐树已经指代公卿之位了。

《后汉书·方术传略》记载，东汉光武帝非常信奉符箓、谶语，所以很多方士投皇帝所好，争相进献以谋求官位，王梁、孙咸竟然因

---

① ［明］刘侗、于奕正：《帝京景物略》，北京出版社，2018年版。
② ［清］孙诒让：《周礼正义》，中华书局，1987年版。
③ ［清］孙希旦，沈啸寰、王星贤点校：《礼记集解》，中华书局，1989年版。

为给皇帝进献了符箓而升至公卿的地位，"故王梁、孙咸，名应图录，越登槐鼎之任"[1]。

南朝梁时周兴嗣撰写的著名古代教材《千字文》中在论述帝王宫殿时描述道："府罗将相、路侠槐卿。"[2]这里把将相和槐卿相比。此后槐鼎、槐卿便喻指三公九卿之位。

北宋初年，官至兵部侍郎的北宋名臣晋国公王祜，文章出众，办事稳重，很有名望，但是由于性格过于耿介一直未能当上宰相，于是他在自家庭院种植了三棵槐树，期望后代能出"三公"级别的人才。后来，他的三个儿子都做了官，次子魏国公王旦还在宋真宗皇帝景德、大中祥符年间当了宰相。王祜的孙子王巩与苏轼是好朋友，于是请苏轼为其家万堂题写"三槐堂"匾额，并请其作《三槐堂铭》记述家族史，苏轼在《三槐堂铭》中大加宣扬王氏，用以证明仁厚的人也许当时不能得到好的报答，但是后代一定能够得到好报，文章以植槐树喻指植德、育人、庇荫后代，并赞叹道："呜呼休哉！魏公之业，与槐俱萌。封植之勤，必世乃成。既相真宗，四方砥平。归视其家，槐阴满庭。"[3]后来，王氏成为历史上非常有名的望家大族，其子孙后代名人辈出。

《三槐堂铭》清代时被收录到《古文观止》中，历代刊印。因此，槐树在古代代表了崇高的地位和高尚的品德。北京四合院继承了这种文化传统，在明、清的住宅中广泛种植槐树，用这种方式表达其道德取向、对美好生活的期许以及对后代子孙的寄望。

如今北京地区是世界上保存古树最多的古都，而槐树是其中最大的组成部分。目前北京东城区国子监、锣鼓巷、东四一带，西城区护国寺、西四一带的四合院前还有较为集中保留的古槐树，而这些地方正是元、明、清三代以来格局没有大变动的地区之一。另外，现在西山的曹雪芹故居门前种植有三棵古槐，其中，门东边的一棵是著名的

---

① ［南朝宋］范晔撰，［唐］李贤等注：《后汉书》，中华书局，1965年版。

② ［南朝梁］周兴嗣：《千字文》，岳麓书社，2002年版。

③ ［清］吴楚材、吴调侯：《古文观止》，中华书局，1987年版。

"歪脖槐"，它是此院为曹雪芹故居的有力证明之一。原因是在香山一带有关曹雪芹故居的小曲里有"门前古槐歪脖树，小桥溪水野芹麻"两句。

图2-66　东四四条胡同内的古槐树

图2-67　曹雪芹故居门前古槐树

榆树也称为白榆，生长于我国长江流域及内蒙古高原、东北平原等地区，其高可达25米，生长快，树龄长，木材纹理直，可做建筑用材，也可做家具、车辆、农具等。早春先叶开花，翅果不久成熟，嫩叶、嫩果可食用。木皮纤维可代麻用。根皮可制糊料，叶煎汁可以杀虫。由此可以看出，榆树是非常实用的一个树种。尤其是它的翅果因为中间鼓出来，边缘处薄薄的，嫩绿扁圆，有点像古代铜钱的形状，故而被称为榆钱。明代文震亨《长物志》记载："槐、榆，宜植门庭，板扉绿映，真如翠幄。"①

明代李时珍撰写的《本草纲目·木部二》记载道："榆未生叶时，枝条间先生榆荚，形似钱而小，色白成串，俗呼榆钱。"②明代著名的谏臣杨椒山就在自己位于今北京西城区的庭院种植了一株榆树，《天咫偶闻》记载："庭隅老榆盘错，阴森不昼，传为忠愍公手植者。"③震钧同时还记载自家的旧宅"西院有榆，亭亭梢云，余兄弟三人皆生

①　[明]文震亨：《长物志》，三秦出版社，2020年版。
②　[明]李时珍：《本草纲目》，中国书店，2020年版。
③　[清]震钧：《天咫偶闻》，北京古籍出版社，1982年版。

于此宅"[1]。旧时北京人经常将榆钱和面粉等混合做成食物，非常受人喜爱。欧阳修在《和较艺书事》中写道："杯盘饧粥春风冷，池馆榆钱夜雨新。"[2]《天咫偶闻》中也记载："以面裹榆荚蒸之为糕，拌糖而食之。"而且又因它与"余钱"谐音，寓意着富足。因此，北京四合院也有少量在庭院外种植榆树的（花园中也多有种植）。

榆树在北京城内四合院的种植数量虽远不及槐树，但在广大乡村却有一定数量的种植。这其中部分原因是榆钱可以作为贫困家庭重要的充饥食物。

二、庭院内的绿化品种及其文化探寻

相对于庭院外的绿化，北京四合院的庭院内绿植的品种则丰富多彩得多了，既有各种树木，也有藤蔓类植物以及各种花卉、盆栽。

1. 落叶小乔木

北京四合院庭院内的树木品种基本上都是矮小的乔木、灌木。最常见的主要有海棠、石榴、丁香、月季、玉兰等。

海棠是四合院内最为常见的树木之一，尤其是西府海棠在北京最为著名。海棠属于蔷薇科，落叶小乔木栽种的位置多为四合院的正房或正堂的东、西次间前，一般会对称种植两株。

海棠树种在北京四合院中，有富贵、兄弟和睦的意思，海棠花则有美女的含义。另外，老北京人经常将海棠和院里鱼缸内的金鱼联系，谐音"金玉满堂"。所以人们也将海棠树看作"发财树"，很多商人和达官贵人家中都种植此树。

古人种植海棠的历史非常悠久。大约2500年前的《诗经·卫风·木瓜》记载："投我以木桃，报之以琼瑶。匪报也，永以为好也！"[3]据考证，木桃为木瓜海棠或贴梗海棠，这是迄今为止能找到

---

① ［清］震钧：《天咫偶闻》，北京古籍出版社，1982年版。
② ［宋］欧阳修：《欧阳修全集》，中华书局，2001年版。
③ 王秀梅译注：《诗经》，中华书局，2006年版。

的关于海棠最早的书面记载。另外，《诗经·小雅》中《常棣》是歌咏兄弟情谊的，《诗序》称是召公燕兄弟所作，因为"常棣"后来也作"棠棣"，于是四合院内的海棠便借喻此意，有了兄弟和睦的寓意。

但是，唐代以前没有海棠的称谓，而被统称为"柰"，西汉司马相如的《上林赋》中有"椑、柰、厚朴"的记载。据考，"柰"是指中国绵苹果及小果类苹果属植物。《千字文》里有"果珍李柰、菜重芥姜"之说，说明当时海棠属于比较珍稀的水果。

至唐代时，"海棠"一词出现。唐德宗贞元年间（785—804年），贾耽为相，著《百花谱》，书中誉海棠为"花中神仙"。此书为较早使用海棠这一称谓的著作。此后海棠作为观赏植物的地位与声望日益突出，宋代达到顶峰，出现研究海棠的专著《海棠记》和《海棠谱》。北宋沈立的《海棠记》中记载："尝闻真宗皇帝御制后苑杂花十题，以海棠为首章，赐近臣唱和，则知海棠足与牡丹抗衡而独步于西州矣。"[1]

另外，北宋乐史《杨太真外传》记载了一段杨贵妃与海棠的故事："上皇登沉香亭，召太真妃，于时卯醉未醒，命力士使侍儿扶掖而至，妃子醉颜残妆，鬓乱钗横，不能再拜，上皇笑曰，岂妃子醉，是海棠睡未足耳。"[2]这个典故代代流传，"海棠春睡"在后代文学作品中常指代杨玉环，再后发展为以海棠花喻美女。

北宋咏海棠诗中最有名的当数苏轼于元丰七年（1084年）谪居黄州所做的《海棠》，诗中写道："东风袅袅泛崇光，香雾空蒙月转廊。只恐夜深花睡去，故烧高烛照红妆。"这首海棠诗脍炙人口，唐玄宗以海棠喻杨贵妃的妩媚，苏轼则以杨太真之风流喻海棠的明媚。就连南宋豪放派诗人陆游也对海棠如痴如醉，他在成都时为海棠写了组诗《花时遍游诸家园》十首。其中第二首中写道："为爱名花抵死狂，只愁风日损红芳。绿章夜奏通明殿，乞借春阴护海棠。"表现出他爱

---

① 见［明］焦竑撰：《国史经籍志》，两江总督采进本。

② 见［明］顾元庆：《阳山顾氏文房小说》，北京图书馆出版社，2004年版。

海棠到了极其痴狂的地步。诗人因为担心海棠的娇美不堪风吹日晒，于是连夜上奏天宫通明殿，请求多借些春阴，让海棠多开些时日。

另外，陆游在《海棠歌》里写道："碧鸡海棠天下绝，枝枝似染猩猩血。……扁舟东下八千里，桃李真成奴仆尔。若使海棠根可移，扬州芍药应羞死。"因爱海棠，陆放翁获"海棠癫"的雅号。宋代女词人李清照对海棠也有特殊的感情，她在名作《如梦令》中写道："昨夜雨疏风骤，浓睡不消残酒。试问卷帘人，却道海棠依旧。知否？知否？应是绿肥红瘦。"其中"绿肥红瘦"说的就是一夜风雨过后海棠不是"依旧"，该是绿叶多，红花少了。"绿肥红瘦"用语简练，又很形象化。

金人元好问有《清平乐》："离肠宛转，瘦觉妆痕浅。飞去飞来双燕语，消息知郎近远。　　楼前小雨珊珊，海棠帘幕轻寒。杜宇一声春去，树头无数青山。"这首词通过对典型景物海棠、杜宇的描绘抒发了对青春、生命的眷恋。

元、明、清三代，海棠也是文人常用的意象。元代杂剧四大家之一王实甫在《西厢记》第三本第二折中写张生云："欲赴海棠花下约，太阳何苦又生根？"写活了张生急于晚上见到莺莺，恨时间过得太慢的心情，这其中用"海棠花下约"代指与佳人约会。

明代王象晋的《二如亭群芳谱》中"海棠"一名被冠用于今天的4种植物：西府海棠、垂丝海棠、贴梗海棠和木瓜海棠。王象晋的这种观点影响深远。这4种植物虽不同属，西府海棠、垂丝海棠属于苹果属，贴梗海棠、木瓜海棠属于木瓜属，但名字中都带有"海棠"二字。北京四合院内种植的基本上是前两个品种。

古典名著《红楼梦》中也多次提到了海棠，其中曹雪芹对贾宝玉居住的怡红院作描写说："一入门，两边都是游廊相接。院中点衬几块山石，一边种着数本芭蕉；那一边乃是一棵西府海棠，其势若伞，丝垂翠缕，葩吐丹砂。"[①]通过大量文学作品中对海棠的描写不难

---

① ［清］曹雪芹、高鹗：《红楼梦》，人民文学出版社，2008年版。

看出，海棠是古代重要的观赏植物。

据《日下旧闻考》记载，元代时北京的住宅就已经有大量的海棠种植："京师多海棠，初以钟鼓楼东张中贵宅二株为最。嘉靖间数左安门外韦公寺，万历中又尚解中贵宅所植高明。"①《燕都游览志》曾记明代张公的古海棠："张公海棠二株，在钟鼓楼东中贵张宅，元时遗物。丛本数十围，修干直上，高数丈，下以朱栏陪之，参差敷阴，犹垂数亩。"②

《天咫偶闻》中对北京的水果有一段评述："京师果瓜甚繁，而足证经义者，尤莫先于棠、杜二物。……按：棠、杜之分，当以《尔雅》为定，而陆玑、郭璞亦能分别井然。《尔雅》：杜，赤棠。白者棠，又曰杜甘棠。郭注：今之杜梨。陆玑《诗疏》：赤棠与白棠同耳，但子有赤白美恶。……海棠，果又小于沙棠，其色白。此即《诗》之白者曰棠。又有一种皮作赭色而厚，名曰杜梨。即《诗》之赤者曰杜，亦即《尔雅》之赤棠。"③

近现代名人喜爱海棠的也大有人在。朱自清在散文《看花》中写道："我爱繁花老干的杏，临风婀娜的小红桃，贴梗累累如珠的紫荆；但最恋恋的是西府海棠。"而他的另一篇散文更是直接命名为《月朦胧，鸟朦胧，帘卷海棠红》。

国画大师张大千喜爱梅花、荷花、海棠等植物，他在旅居国外时曾向友人乞要海棠，并作《乞海棠》："君家庭院好风日，才到春来百花开；想得杨妃新睡起，乞分一棵海棠栽。"另外，张大千听说百里之外种有名贵的垂丝海棠，为求购数棵，甚至愿意典当画作，"典画征衣更减粮，肯教辜负好时光。闻道海棠尚未聘，未春先为办衣裳"。由此可见他对海棠的热爱。

海棠也是周恩来总理生前最钟爱的花卉之一。北京中南海西花厅内广植西府海棠。1954年春，西花厅内海棠盛开，但是此时周总理

---

① ［清］于敏中：《日下旧闻考》，北京出版社，2008年版。

② 《燕都游览志》，见［清］于敏中：《日下旧闻考》，北京出版社，2008年版。

③ ［清］震钧：《天咫偶闻》。

正在瑞士参加日内瓦会议，无法亲临赏花，于是邓颖超剪下一枝海棠花，做成标本，夹在书中托人带给了周总理。周总理看到这来自祖国蕴含深意的海棠花非常感动，百忙中托人带回一枝芍药回赠给邓颖超。周恩来与邓颖超千里迢迢赠花问候，成为佳话。

图2-68　东城区某宅海棠树

图2-69　西城区某宅果实累累的海棠树

石榴也是北京四合院内常见的一种树木，因其花、叶、枝、干、果实等形态特征以及春华秋实、多籽等特性，极具观赏价值，并被赋予诸多象征意义，在漫长的人类历史中演化成为一种文化植物，形成了独具中国特色的石榴文化现象。

石榴被人们视为吉祥果，寓意团圆、团结、喜庆、红火、繁荣、昌盛、和睦、多子多福、长寿、辟邪趋吉。明代江南四大才子之一文徵明之孙文震亨的《长物志》就说："石榴，花胜于果，有大红、桃红、淡白三种，……宜植庭际。"[1]石榴还具有很高的营养价值和药用、保健作用。

石榴并不是我国的固有品种，它原产于伊朗、阿富汗、中亚、西亚一带地区，大约在汉代由中亚经丝绸之路引入我国，在我国的栽培历史已有两千多年。《博物志》载："汉张骞出使西域，得涂林安石国榴种以归，故名安石榴。"[2]汉代时，石榴作为名贵的进口树种，首

---

① ［明］文震亨：《长物志》，中华书局，2012年版。
② ［西晋］张华：《博物志》，重庆出版社，2007年版。

先植于皇家园林上林苑、骊山温泉一带。由于石榴花果并丽，很快被中国人接受，逐渐传播到国内各地。

西晋时，石榴赋大兴。其中潘岳《安石榴赋》就说："榴者，天下之奇树，九州之名果。"南北朝时，出现石榴诗、石榴裙。梁元帝的《乌栖曲》中有"芙蓉为带石榴裙"之句。当时的"石榴裙"一说是绣着石榴花的裙子，也有说是大红色的裙子。南北朝时，何思澄《南苑逢美人》有"风卷葡萄带，日照石榴裙"的诗句，用石榴来暗比心中美女。另外，《北史》记载了一则历史故事。北齐时候，文襄帝高澄之子安德王高延宗新纳了一名妃子，妃子的母亲宋氏送了两个石榴给安德王高延宗。高延宗不知其意，于是随手就扔到了一边。其旁有一位名为魏收的大臣告诉他，妃子的母亲赠送石榴是祝愿他多子多孙的含义。高延宗听后十分高兴，赶快让人把石榴捡了回来，并因此赏赐了宋氏和魏收。由此可见，此时石榴已经有了多子多孙的含义。

唐代出现了"拜倒在石榴裙下"的典故。据记载，由于唐玄宗过分宠爱杨贵妃，荒废了朝政，大臣们对此十分不满。因此，很多大臣见了杨贵妃便拂袖而去，不给杨贵妃行礼。杨贵妃对大臣们的这种行为十分不高兴。于是便到唐玄宗面前告状。唐玄宗因此明确要求大臣们进宫时见了杨贵妃必须行礼。由于当时杨贵妃非常喜欢穿绣着石榴花的红色裙子，当时称石榴裙。于是，大臣们进宫后见了面经常自嘲和相互开玩笑就问，今天进宫是否又"拜倒在了石榴裙下"。当然，现在拜倒在石榴裙下是指对美女倾慕。唐代还出现了"石榴仙子"的神话传说。民间结婚流行赠石榴。至今，在山东邹城、陕西西安临潼、河南荥阳等石榴主产区，民间石榴仙子的传说仍然流传。

宋代，因石榴果内颗粒众多，大小相近，因此"石榴生殖崇拜"开始流行。此时还盛行石榴对联、谜语。金元时，流行"石榴曲"，庭院内石榴树、盆栽石榴开始普及。明清时，因中秋正是石榴成熟季节，我国北方地区有"八月十五月儿圆，石榴月饼拜神仙"的习俗，如今年画上作为辟邪驱鬼的钟馗头上佩戴的那朵小红花就是石榴花。

千百年来，出于对石榴的喜爱与赞颂，人们给石榴赋予了不少别名与雅称，古代文献资料记载的有若榴、丹榴、丹若、沃丹、安石榴、天浆、金罂、金庞等。这些名称中有些与石榴的名称起源有关，如《群芳谱》中记载："石榴，一名若榴，一名丹若，一名金罂，一名金庞，一名天浆。本出涂林安石国，汉张骞使西域得其种以归，故名安石榴。"①有些盛赞石榴的美味，如唐人段成式《酉阳杂俎》称之为"天浆"。有些则与石榴花艳丽的色泽有关，丹是红色的意思，石榴花有大红、桃红、橙黄、粉红、白色等颜色，但以火红色的最多，因此有"丹若""沃丹""丹榴"等雅称。

图2-70　东城区某宅石榴树　　图2-71　东城区某宅石榴花　　图2-72　东城区某宅石榴树

丁香虽不及石榴和海棠数量大，也是传统四合院庭院内常见的一个绿化品种。由于其名字中的"丁"有后代（丁口）的意思，而"香"有兴旺发达、才华出众、香满人间的寓意，故而受到老北京人的青睐。

丁香花最迟到唐代已经被赋予了美女的含义。如唐代的大诗人李商隐在《代赠》一诗中写道："楼上黄昏欲望休，玉梯横绝月如钩。芭蕉不展丁香结，同向春风各自愁。"诗中描绘了一位美女因不能与情人相会而哀怨惆怅。情人（芭蕉）与美女（丁香）各自在春风中思念着对方。诗圣杜甫在其《江头四咏·丁香》一诗中也借丁香指代美女："丁香体柔弱，乱结枝犹垫。细叶带浮毛，疏花披素艳。深栽小斋后，庶近幽人占。晚堕兰麝中，休怀粉身念。"

---

① ［明］王象晋编撰，［清］汪灏等改编：《广群芳谱》，《四库全书总目》，谱录类。

南唐后主李煜虽然不是一位有能力的皇帝，但却是一位杰出的词人。他在《一斛珠》中以丁香暗喻自己的妻子："晚妆初过，沉檀轻注些儿个。向人微露丁香颗，一曲清歌，暂引樱桃破。"词中描述了一位美人，化完晚妆，身上喷洒了一些香料，好似丁香花一样向人微微一笑露出白色的小牙齿，她那施了口红的小嘴好似樱桃乍破。这首词细腻委婉，生动地描述出了丁香美女的一颦一笑。

元代的大诗人元好问在《赋瓶中杂花》中也以丁香代指美女："香中人道睡香浓，谁信丁香嗅味同。一树百枝千万结，更应熏染费春工。"

明代时，丁香已经有了夫妻和睦同心的含义。如许邦才《丁香花》："苏小西陵踏月回，香车白马引郎来。当年剩绾同心结，此日春风为剪开。"许邦才的丁香花是引用了历史上的一则关于丁香的凄美爱情故事：

南齐时，钱塘有一位才貌冠绝青楼的名媛叫苏小小。一日，苏小小乘车春游回家时，在断桥拐角处迎面遇到了一位骑马的少年。马不知何故受惊将少年摔了下来。这名少年名叫阮郁，是当朝宰相阮道之子，奉命到浙东办事，顺路来游西湖。阮郁见小小端坐在香车之中，宛如仙子一般，一时竟忘了从马上摔下来的事情，呆望着小小。直到小小驱车而去，阮郁才回过神来。他连忙向路人打听刚才那位美女的来历，并循踪追去。小小也对阮公子一见钟情。此后一连几天，小小和阮郁都在断桥相会。一个驱车而行，一个骑马相随。一日，小小与阮郁来到西泠桥头，正当夕阳西下，飞鸟归巢之时。此情此景，小小吟诗一首："妾乘油壁车，郎骑青骢马，何处结同心？西泠松柏下。"当夜，两人情订终身。之后，两人择吉日，办了婚事。阮郁成婚的书信送到家中，其父阮道因两人身份差异而激烈反对。他设计将儿子骗回家中软禁了起来，并为他另择名门闺秀成婚。而苏小小等不到阮郁，只能吟诗以解愁闷，最后含恨离开人世。

清初居住在北京的几位文人都写过丁香。王士禛在《香祖笔记》

中记载："闻张湾某氏丁香盛开。'"①清代中期的戴璐在《藤阴杂记》中说："乔侍读莱尝辟一峰草堂于宣武门斜街之南，有《看花歌》云：'主人新拓百弓地，海棠乍圻丁香含。'"②同时自己的住宅也有丁香："余赁官廨七年，藤萝成阴，丁香花放，满院浓香。"③

　　近代国学大师王国维在妻子新丧之后，由于十分想念妻子，作了一首《点绛唇》："屏却相思，近来知道都无益。不成抛掷，梦里终相觅。　醒后楼台，与梦俱明灭。西窗白，纷纷凉月，一院丁香雪。"词中表达了王国维先生想要从思念妻子的悲痛中走出来，可是反反复复不能忘怀，只好希望梦里相会。但是醒来之后，梦里的一切又成幻影。思绪离愁之间，诗人望见窗外白色的月光和落在地上的满院白色丁香花，更是感慨万千。

图2-73　北京某宅丁香树

图2-74　崇礼住宅盛开的丁香花

　　月季被称为花中皇后，又称"月月红"，是四合院较常见的传统绿化品种之一，常常被种植在四合院的房屋两侧或者花园之内。

　　月季属常绿或半常绿低矮灌木，四季开花，多红色，偶有白色，可作为观赏植物，也可作药用。月季主要有切花月季、食用玫瑰、藤

————————
　①　［清］王士祯：《香祖笔记》，上海古籍出版社，1982年版。
　②　［清］戴璐：《藤阴杂记》，上海古籍出版社，1985年版。
　③　同上。

本月季、地被月季等种类。中国是月季的原产地之一，因其花色红艳，十分喜庆，有月月红火、四季花香的含义，被老北京人所喜爱，也因此成为北京市的市花。

玉兰花古称木兰花，也叫辛夷花，在古代十分名贵。玉兰花的历史非常悠久，屈原的《离骚》中就提到了木兰："朝搴阰之木兰兮，夕揽洲之宿莽。"据此可知，木兰至少有两千多年的历史了。从屈原的诗中我们还可以看出，在战国时期，玉兰花已经被赋予了高洁品质的寓意。

汉代司马相如的《子虚赋》中说："巨树梗柟豫章，桂椒木兰，檗离朱杨，楂梨楟栗，橘柚芬芳。"《子虚赋》罗列了包括玉兰在内如此多的树木花卉，是为了强调树林内生长的全部是名贵的树种。至唐代，吟咏玉兰花的诗词更多。如大诗人李商隐、白居易、皮日休和陆龟蒙都曾作诗词赞美玉兰花。李商隐在其一首名为《木兰花》的诗中将木兰花视喻为古代替父从征的女将军花木兰。"洞庭波冷晓侵云，日日征帆送远人。几度木兰舟上望，不知元是此花身。"

皮日休在其《扬州看辛夷花》诗中将玉兰花的颜色比为天女服装的颜色："腊前千朵亚芳丛，细腻偏胜素柰功。蟂首不言披晓雪，麝脐无主任春风。一枝拂地成瑶圃，数树参庭是蕊宫。应为当时天女服，至今犹未放全红。"让玉兰花有了几分仙意。陆龟蒙在其《和袭美扬州看辛夷花次韵》诗中也将玉兰花看作神仙花朵："柳疏梅堕少春丛，

图2-75 盛开的玉兰花

天遣花神别致功。高处朵稀难避日，动时枝弱易为风。堪将乱蕊添云肆，若得千株便雪宫。不待群芳应有意，等闲桃杏即争红。"

唐代，通过多位诗人的吟咏，玉兰花的花语含义基本形成。它既代表了高洁的品质，还代表了仙逸的美女和仙境。宋代以后，这些花

图 2-76　北京某宅玉兰花　　　图 2-77　府学胡同 36 号盛开
的玉兰花

语含义又被历朝历代的文人墨客们不断强化和重复。因此，玉兰成了明清以来北京四合院中著名的花卉品种。由于玉兰花为南方品种，在北京不易成活，因此十分名贵。

2. 藤蔓类植物

北京四合院内的藤蔓类植物主要有紫藤、葡萄和葫芦等。这些藤蔓类植物适应北京的地理气候，欣欣向荣，被赋予了美好寓意。

紫藤，又称藤萝、朱藤，属豆科，高大木质藤本，是我国最著名的棚荫植物。《花经》说："紫藤缘木而上，条蔓纤结，与树连理，瞻彼屈曲蜿蜒之伏，有若蛟龙出没于波涛间。"文中将紫藤比喻为出没于江海的蛟龙。而古代有"潘江陆海"的典故，就是说潘岳的才华如同滚滚长江连绵不绝，陆机的能力如同汪洋大海深不可测。紫藤因而具有文采的象征，具有浓浓的书卷气，故而尤其受到文人和士大夫的喜爱。紫藤的"紫"字有紫禁城的含义，而"藤"通"腾"，因此也有飞黄腾达的寓意。

唐代大诗人李白在《紫藤树》中赞美道："紫藤挂云木，花蔓宜阳春。密叶隐歌鸟，香风留美人。"此处用紫藤喻指美人。当然，美人在古代也有另一个含义，就是代指君王。如苏轼的《前赤壁赋》有"渺渺兮余怀，望美人兮天一方"的诗句，也是暗指君王。明代文学家、史学家王世贞有诗曰："蒙茸一架自成林，窈窕繁葩灼暮阴。南国红蕉将比貌，西陵松柏同结心。"诗中将紫藤比喻为美女，将松柏比喻为君子。由于紫藤有攀缘依附的特性，因此诗中也道明了紫藤含有美女君子天作良缘，夫唱妇随、永结同心之义。

历史上，北京文人爱藤，他们不但在诗词中咏藤，而且在自己居住的宅院中植藤。明代北京宣南地区海柏胡同（又名"海波胡同"，因有古刹海波寺而得名）的孔尚任居所称"岸堂"，孔公有句云："海笔巷里红尘少，一架藤萝是岸堂。"明代奸臣严嵩的儿子严世藩的花园就在西城区的北半截胡同，其庭院内就有古藤书屋。据纪晓岚《阅微草堂笔记》记载："京师花木最古者，首给孤寺吕氏藤花，……数百年物也。……吕氏宅后售与高太守兆煌，又转售程主事振甲。藤今犹在，其架用梁栋之材，始能支柱，其荫覆厅事一院，其蔓旁引，又覆西偏书室一院。花时如紫云垂地，香气袭衣。"[1] 戴璐的《藤阴杂记》也记载了这棵紫藤："万善给孤寺东吕家藤花，刻'元大德四年'字。"[2] 同样，书中序言也记

图2-78 纪晓岚故居的紫藤

---

① ［清］纪昀：《阅微草堂笔记》，上海古籍出版社，2005年版。

② ［清］戴璐：《藤阴杂记》，上海古籍出版社，1985年版。

载了自家院中的紫藤："寓移槐市斜街，固昔贤寄迹著书地。院有新藤四本，渐次成阴，恒与客婆娑其下。"[1]又在书中记载："宣武门街右为陈少宗伯邦彦第。堂曰'春晖'，屋有藤花。"[2]清初的王士禛曾在其琉璃厂附近的住所种植紫藤，而且"咏者甚多"。西城区海柏胡同的朱彝尊故居内原有两株紫藤垂窗，故书房名"紫藤书屋"。鲁迅先生从南方来到北京后，第一处居所是宣南绍兴会馆中的一个小院，因小院内有一棵古藤，所以小院名"藤花馆"。

至今北京的很多宅院还种植有紫藤，尤其是文人故居中多有名藤。其中非常著名的一株是纪晓岚故居的紫藤，距今已近三百年的历史。中华人民共和国成立后这里改为"晋阳饭庄"，老舍先生在这里吃饭时曾写诗赞美这株紫藤："驼峰熊掌岂堪夸，猫耳拨鱼实且华。四座风香春几许，庭前十丈藤萝花。"笔者在多年前调查四合院的过程中发现，在前门地区大安澜营胡同22号的四合院中有一株树龄达到400多年的古藤。我国近代书画收藏鉴赏大家张伯驹先生位于西城区的住宅也种植有紫藤。

紫藤的位置大多种植在里院书房前，炎热的夏季，人们在藤萝架的浓荫下乘凉，顿感清凉，暑汗全消。

图2-79 藤萝

图2-80 张伯驹故居内的紫藤

葡萄是北京四合院内比较常见的一种藤蔓植物。夏天在葡萄架下

① ［清］戴璐：《藤阴杂记》，上海古籍出版社，1985年版。
② 同上。

既可乘凉消夏，又可品尝美味的果实，而且葡萄果实多而密，也被赋予了多子多孙的美好寓意，受到了人们的普遍欢迎。

葡萄在我国有悠久的历史，最迟到唐代已经开始酿酒，如唐代王翰《凉州词》："葡萄美酒夜光杯，欲饮琵琶马上催。醉卧沙场君莫笑，古来征战几人回。"可谓家喻户晓。之后，历代文人多有吟咏，葡萄成为海内名果。

另外，在民间还有一个美丽的传说：每当农历七月初七日，牛郎和织女相见之日，葡萄架下会传出他们的窃窃私语。虽然我们不可能听见牛郎织女的情话，但是葡萄却承载了百姓对远方爱人的思念之情。

葡萄在北京四合院内是非常受欢迎的一种绿化品种，至今仍有种植。葡萄可以种植在庭院的任何地方，但为了便于葡萄藤蔓的攀爬，多种植在院墙旁。葡萄成熟前可以作为蔬菜，成熟后还是很好的实用器皿和装饰物。葡萄的种植历史非常悠久，中国考古人员在浙江余姚河姆渡遗址发现了7000年前的葡萄及种子。

古代夫妻结婚入洞房饮"合卺"酒，卺即葡萄，其意为夫妻百年后灵魂可合体，因此古人视葡萄为求吉、辟邪的吉祥物。葡萄与仙道的关系也非常密切。《列仙传》上的铁拐先生、尹喜、安期生、费长房这些神话人物，总与葡萄为伍，以至后来葡萄成为成仙得道的标志之一。由于"葡萄"与"福禄"音近，又是富贵的象征，代表长寿吉祥，民间以彩葡萄作佩饰，就是基于这种观念。

图2-81　黑芝麻胡同13号种植的葫芦

图2-82　东四十三条81号种植的葫芦

另外，因葫芦藤蔓绵延，葫芦内的籽很多，它又被视为祈求子孙万代的吉祥物，古代吉祥图案中有不少关于葫芦的题材，如"子孙万代""万代盘长"等。用红绳线穿五个葫芦悬挂，称为"五福临门"。

3．盆栽类时令花卉

北京的庭院绿化还会种植一些时令花卉，其中以牡丹、菊花、荷花、芍药和兰花最为常见。

牡丹是百花之王，花形雍容华贵，寿命很长，寓意富贵。牡丹成为名贵的观赏花始于隋朝，盛行于唐代，自此便大红大紫千年之久，成为国花。北京四合院内也经常种植牡丹，是富贵吉祥的象征。清代的戴璐《藤阴杂记》记载："程篁墩谓京师最盛曰梁氏园，牡丹、芍药几十亩。"[1]

芍药被称为花相。其与牡丹是一对姊妹花，花形相似，也是富贵的象征。《长物志》称："牡丹称花王，芍药称花相，俱花中贵裔。"[2]更由于北京丰台地区盛产芍药，故而尤其受到北京宅院的喜爱。芍药从明代开始在北京盛行。清代汪启淑的《水曹清暇录》载："丰台芍药妙绝天下，瑰丽实过鼠姑，浓芬馥郁亦鲜其俦；且性耐久，不似钱塘、苏台、邗沟材地柔弱，午时欲睡，洵是妙品。"[3]芍药从而成为北京四合院内盆栽的代表品种之一。

菊花被古人称为花中隐者，代表了清雅淡远的气质。晋代大诗人陶渊明"采菊东篱下，悠然见南山"的名句，成为以菊言志的代表。之后，历朝历代歌咏菊花的诗句非常广泛。清代礼亲王昭梿在其著作《啸亭杂录》"宁王养菊"条记载了以文人雅士自居的宁郡王弘晈养菊的故事："京（北京）中向无洋菊，篱边所插黄紫数种，皆薄瓣粗叶，毫无风趣。宁恪王弘晈为怡贤王次子，好与士大夫交，因得南中佳种，以蒿接茎，枝叶茂盛，反有胜于本植。分神品、逸品、幽品、

---

① ［清］戴璐：《藤阴杂记》，上海古籍出版社，1985年版。

② ［明］文震亨：《长物志》，中华书局，2012年版。

③ ［清］汪启淑：《水曹清暇录》，北京古籍出版社，1998年版。

雅品诸名目，凡名类数百种，初无重复者。每当秋朦雨后，五色纷披，王或载酒荒畦，与诸名士酬倡，不减靖节东篱也。"[1]清代晚期的震钧记载菊花是当时最受士大夫看重的花卉："而士大夫所尤好尚者，菊也。"[2]民国时期，园艺家刘文嘉在北京新街口建有一座婪园，曾经培植菊花100多种，共1700多盆，高者超过屋檐，大者花径近尺，备受游者赞赏。在古代菊花又有吉祥、长寿的含义。由于受到了文人的推崇，因此菊花在北京四合院盆栽中是重要的品种。

荷花，又称莲花、芙蓉，被古人赞为花中君子，"出淤泥而不染，濯清涟而不妖"成为其高洁品质的象征。古人爱莲，更爱莲所代表的高洁精神。莲花更是佛教的圣物，随着佛教的兴盛而广泛传播。由于北京的四合院中缺水，种植莲花时有的砌筑一个小池子，更多的则种植于庭院内的大鱼缸内，形成了鱼戏于莲的情景，并寓意连年有余（莲年有鱼）。

图 2-83　荷花池

兰花被誉为花中君子。据《孔子家语》记载，孔子认为："与善人居，如入芝兰之室，久而不闻其香，即与之化矣。"[3]东汉戴德《大戴礼记》也记载："与君子游，芷乎如入兰芷之室，久而不闻，则与

---

① ［清］昭梿：《啸亭杂录》，中华书局，1980年版。

② ［清］震钧：《天咫偶闻》。

③ 王国轩、王秀梅译注：《孔子家语》，中华书局，2009年版。

之化矣。"①因此，芝兰之室成为表达良好环境的成语。另外，《孔子家语》中还记载了孔子对兰花品性的评价："芝兰生于深谷，不以无人而不芳；君子修道立德，不为困穷而改节。"②屈原在《离骚》中也多次借兰言志："扈江离与辟芷兮，纫秋兰以为佩。……余既滋兰之九畹兮，又树蕙之百亩；……时暧暧其将罢兮，结幽兰而延伫。……余既以兰为可侍兮，羌无实而容长。"表达了屈原高尚的情操。之后，兰花的品性寓意被历代广泛借喻传衍，成为广受欢迎的花卉品种。在这种文化背景的影响下，北京四合院也将其引入庭院绿化中。

当然，庭院的绿化与主人的喜好有很大关系，也会有一些奇花异草被移植其间，在主人的精心培植下同样能枝繁叶茂、花娇色艳。如《天咫偶闻》记载清末北京的隆福寺花卉市场出售的花卉就有："旧止春之海棠、迎春、碧桃，夏之荷、榴、夹竹桃，秋之菊，冬之牡丹、水仙、香橼、佛手、梅花之属。南花则山茶、蜡梅，亦属寥寥。近则玉兰、杜鹃、天竹、虎刺、金丝桃、绣球、紫薇、芙蓉、枇杷、红蕉、佛桑、茉莉、夜来香、珠兰、建兰到处皆是。且各洋花，名目尤繁，此亦地气为之乎。此外，西城之护国寺，外城之土地庙，与此略等。"③这些花木虽也是四合院绿化的组成部分，但是并不是普遍种植的品种，此处仅收录那些在北京四合院发展过程中被广泛种植且被赋予一定文化象征意义在其中的品种。

4. 北京四合院庭院内外绿化的原则

北京有两句俗语，"前不栽桑，后不栽柳，院内不种'鬼拍手'"和"桑柏槐不进宅"。这两句俗语其实说出了北京四合院种植的"四不种"和"四种"原则。什么是"四不种"？第一，北京四合院庭院内不种植发音不吉祥的植物，不种植高大乔木，比如"桑（丧）、柏（败、白）、槐（坏）"。第二，院落外，也就是临街道的位置不要种

---

① ［东汉］戴德选编，方向东撰：《大戴礼记汇校集解》，中华书局，2008年版。
② 王国轩、王秀梅译注：《孔子家语》，中华书局，2009年版。
③ ［清］震钧：《天咫偶闻》。

植矮小和树冠散漫的树木。第三，院内外都不种植常绿乔木和灌木，种植落叶树木。第四，院落内外不种植阔叶树木。"四种"首先是庭院内要种植发音吉祥的小乔木或灌木。其次是庭院外的街巷上要种植高大乔木。再次是庭院内外种植的树木都要是小叶。

四合院植物绿化之所以会有这些原则，主要有以下四方面原因：

第一，适应北方气候环境的需要。北方气候四季分明，夏天气候炎热，院子内外都需要树木遮挡阳光，形成凉爽的街道和庭院气候，院内小乔木的高度正好与房屋窗户大体相等，遮挡住了从窗户照入室内的阳光。而冬天，院落和房屋内都需要充足的阳光，如果种植常绿树木则十分不利于采光，而落叶树木就不会，且由于冠幅较小不会遮挡较多的光线，保证了冬日街道和庭院内充足的光照。

第二，院落内不种植高大乔木而要种植小乔木或者灌木，是为了不破坏四合院内的建筑物。由于传统北京四合院庭院内一般都会进行硬化处理，多数会铺装砖地面，小乔木和灌木的根系都很小，不会破坏庭院内的地面铺装，也不会损坏院内建筑的地基。而高大树木的根系会把地面铺装顶起，且过长的根系会伸入房屋的地基，使得建筑物基础的牢固性减弱。另外，古代以一层建筑为主，遇到雷雨天高大的树木很容易引来雷击，此外，还存在树枝掉落下来伤害人和建筑物的危险。而在院落外种植高大乔木是因为它们是行道树的组成部分，树冠高才不会阻挡人车通行。

第三，大乔木多数会有病虫害，例如北京人俗称的"吊死鬼"、小腻虫等，这些虫子容易滋生细菌，不利于环境卫生，而这些病虫害如果长在高大的树干上，则很难能触及树冠根治，这也是不种植高大树种的原因之一。

第四，北京四合院内所栽种的树木多数属于"春华秋实"（春花秋实）型，春天开花谓"春华"，可以美化庭院的环境，使庭院春意盎然，足不出户尽得春意。秋天结果实谓"秋实"，院内果实累累，一派丰收景象，身在院内便可得桃李之利。而夏天的时候可以乘凉。

第五，四合院内外种植的树木基本都经过了千百年的发展历史，

被人们赋予了深厚历史文化内涵，能带给人们道德情操的培育和
熏陶。

三、北京四合院的园林

1. 北京四合院园林的建筑构成

四合院园林的建筑构成主要可以分为以下几个部分：一是山石。
园林多离不开假山堆叠和奇石摆放，山石几乎是每一座北京宅园的必
备建筑要素。二是湖池桥梁。水是园林具有灵气的重要因素之一，北
京多数地区虽然缺水，但是为了丰富园林景色，还是有不少庭院都建
造了小规模的湖池、水渠。有水，那么桥梁也随之建造。三是厅堂。
北京的庭院中往往要建造一座或几座厅堂，作为游园休息观赏景色或
是居住之用。四是亭台馆榭。建造了假山的庭院一般都会在山上建造
亭，而有水的庭院也往往建造临水建筑——水榭。五是戏台或戏楼。
曲艺在北京的发展非常迅速，尤其是京剧，由于受封建礼制的限制，
住宅内不能演出，所以很多人将戏楼建在了花园内。

2. 四合院园林的植物构成

北京宅院中种植的乔木和灌木除了上文中叙述的庭院绿化品种
外，常绿乔木还有松、柏，落叶乔木有枣、银杏、杨、柳、桑、梧
桐、梨、杏、桃、香椿、臭椿、楸、杜仲、皂荚、枫树、奈子、核
桃、石榴、柿等。藤蔓类植物基本上和庭院的相同，以紫藤、葡萄和
葫芦为主。时令花卉也与庭院中的花卉品种基本一致。

第三章

有图必有意，有意必吉祥——北京四合院的建筑装饰与陈设

建筑装饰自春秋战国时期便已有之，如《礼记》中就有"山栉藻梲……天子庙饰也"的记载。北京四合院的建筑从屋面、屋身到台基，从屋内到屋外也多进行装饰，而传统上将这些对建筑的装饰性处理统称为装修。北京四合院的装修按照材质又分为木装修、砖（瓦）石雕刻装修和油漆彩画装修。除了以上的附着于建筑物的美化装修外，日常生活家具和装饰性摆件也是必需的，这些则统称为陈设。陈设品也往往会做艺术化的处理，因此很多陈设又是建筑装修的一部分，如多宝格为木装修中起到隔断作用的装饰物，又是摆放文玩的实用陈设物；再如上马石为供人上下马的实用器，而石上精美的雕刻工艺又对宅院起到极强的装饰作用。因此，装修和陈设具有一定的相通性，它们共同将青灰色为主色调的北京四合院装扮得更加典雅、更富艺术情调。

第一节　画砖雕甍——北京四合院的砖雕

砖雕是我国传统装饰手法之一，是由东周瓦当、空心砖和汉代画像砖发展而来的。北宋时形成砖雕，成为墓室壁画的装饰品。金代，墓室砖雕的内容更加丰富，技艺也有所提高。明代，随着制砖技术的不断提高，烧制产量的提升及成本的降低，各地建筑普遍使用砖墙，砖雕由墓室砖雕发展为民居建筑装饰砖雕。到了清代，砖雕广泛用于建筑物墙面的醒目部位，在讲究的传统住宅建筑中更为突出。北京四合院砖雕所用的材料基本为青砖，材料相对容易取得，而且和墙体材料一致，使得建筑整体可以在施工技术、色调上达到统一，具有较好的装饰效果，因而得到广泛的应用。砖雕主要分为两种：一种是雕泥，一种为雕砖。雕泥是在泥坯脱水干燥到一定阶段时进行雕刻、模印，然后烧制成型。雕砖则是在已经烧制好的青砖上，按设计好的图谱进行雕刻，拼装成完整的图案。

一、砖雕的应用位置

1. 大门门头砖雕

四合院的大门是宅院的门面建筑，历来受到重视。因此，大门门头最显眼的部位，便成为重点装饰部位之一。由于北京四合院的宅门有多种形式，其装饰部位也存在一定区别。

北京的广亮大门、金柱大门和蛮子大门多在墀头上端做醒目的砖雕。墀头是硬山房山墙端头的总称，俗称"腿子"。宅门外侧的墀头砖雕，一般由戗檐、垫花和博缝头等部件组成。垫花图案形式大多为一个精美的花篮，里面插满各种花卉，构图秀美，极具观赏性。戗檐部分砖雕的题材内容则比较多样，如鹤鹿同春、松鼠葡萄、子孙万代、博古炉瓶、玉棠富贵等（图3-1）。博缝头砖雕最常见的题材为佛教的万字、柿子和如意组成的万事如意图案（图3-2）以及太极图图案。

北京四合院宅门中，如意门的砖雕是最精彩的。如意门砖雕除墀头上的戗檐、垫花和博缝头外，最主要的部位是门楣栏板砖雕。如意门的门楣砖雕主要有四种形式：一种是在门洞上安装砖门楣，门楣上方砌筑冰盘檐若干层，冰盘檐上安置栏板、望柱，这种形式应用较多（图3-3）；一种形式是在门楣上面砌出须弥座的形式，在须弥座上面再置栏板、望柱（图3-4）；还有一种形式是在门楣部分用一大块花板来代替冰盘檐、栏板、望

图3-1　戗檐墀头砖雕

图3-2　博缝头砖雕

图3-3　如意门门楣栏板

图3-4　如意门须弥座栏板柱子

柱（图3-5）；最后一种是栏板部分仅区别瓦花进行装饰（图3-6）。这些形式的区别主要源于四合院主人的家境与喜好。门楣砖雕的雕刻题材十分广泛，内容极为丰富，有福禄寿喜、梅兰竹菊、文房四宝、博古文玩等，

根据主人的理想抱负、志趣爱好选择题材。另外，如意门的象鼻枭及两侧有时也会雕刻花卉（图3-7、图3-8）。

　　小门楼和随墙门是北京四合院宅门中最简朴的一种，多为素活，但也有采用砖雕装饰的。砖雕多用于挂落板、头层檐及砖椽头等处（图3-9）。西洋门砖雕装饰多用在门楣之上的砖砌门额上，或在门头上起女墙，做出各种造型装饰，其檐口装饰有线脚（图3-10）。

图3-5　如意门门头花板

图3-6　如意门门头瓦花

图3-7　如意门象鼻枭和如意石砖雕

图3-8　如意门象鼻枭侧面

图3-9　小门楼砖雕

图3-10　西洋门门头砖雕

2．影壁砖雕

影壁也是四合院重点装饰的部位之一。北京四合院中的影壁绝大部分由砖砌筑，影壁的下碱有直方形的，不加雕饰；也有须弥座形式的，在上下枭、束腰部位做雕饰，但较为罕见。影壁的上身多为仿木结构的砖框，砖框之内称为影壁心。软影壁心刷白灰，硬影壁心用方砖斜砌而成，在中心和四角部分做中心花和岔角花砖雕。雕刻内容可根据主人志趣设计，多以四季花草、岁寒三友、福禄寿喜为题材。有些影壁则在中心部位雕出砖匾形状，其上多刻"吉祥""平安""如意""福禄"等吉语，也有一些宅院主人为了彰显自身修养，而雕刻古籍经典词句（图3-11）。影壁的檐口和墙帽部分一般也在第一层砖檐、连珠混等处做雕饰，讲究的影壁还会在砖椽头做雕饰（图3-12）。影壁的墙帽有正脊时，还会在正脊两端做花草砖雕饰（图3-13）。

图 3-11　影壁中心和四岔砖雕

图 3-12　影壁冰盘檐和山面砖雕

图 3-13　影壁清水脊花草砖

3．房屋墀头砖雕

除宅门外侧墀头上的砖雕外，院落中房屋的墀头和博缝头上有的也装饰砖雕，其形式和内容与大门砖雕基本一致。

4. 廊心墙

廊心墙是房屋山墙内侧廊间金柱与檐柱之间的墙体，位置在檐廊的两端，有的也会装饰砖雕。廊心墙分为下碱和上身两部分，下碱多为砖砌，不作装饰；上身多将中间砌为长方形的廊心，为装饰的重点部位。常见做法是在廊心墙上身四周做砖框，框内做砖心，称为海棠池子，内做砖额或者在中心、四角分别刻中心花和岔角花。讲究些的做法是将外圈的砖框也做出雕刻。也有些廊心墙砖雕采用密集式布局，砖雕充满整个廊心墙上身墙面（图3-14）。

有些四合院在正房、厢房的廊心墙上开门洞，与抄手游廊相连接。廊门上方为门头板，由八字枋子、线枋子和墙心组成，在八字枋子和墙心处做雕饰。多在墙心部分题额，诸如"朱幽""兰媚""撷秀""扬芬"等。有些稍低矮的房子，门头板尺寸较小，墙心内则留白。

图 3-14　廊心墙匾额

图 3-15　廊心墙砖雕

5. 槛墙

槛墙是指房屋窗槛以下至地面的矮墙，一般为不抹灰的清水墙。极为讲究的四合院，在槛墙上也做雕刻。槛墙雕刻形式多样，讲究些的做法是在槛墙外圈砌大枋子，圈出小的海棠池，在大枋子和海

图 3-16　槛墙砖雕

棠池内加砖雕，雕刻题材多为花卉。也有周围做素面枋子，仅在海棠池内做砖雕。还有一种简易做法，仅圈出海棠池而不做雕刻。槛墙上的砖雕多与廊心墙上的砖雕相呼应，装点房屋前檐。

6. 围墙

围墙中做砖雕的主要就是垂花门两侧的看面墙，其装饰形式主要有两种，一种是在墙上布置什锦窗。什锦窗的窗套包括窗口和贴脸，有木质和砖质两种。砖质贴脸则是砖雕装饰的主要部位，砖雕艺人依据什锦窗的不同形状，在有限的空间内，雕刻出

图 3-17　围墙花瓦

精美的图案。另一种是没有什锦窗，在墙面上做素面墙心，或者在墙心内加砖雕装饰，做法略同于影壁。另外，一些看面墙的墙头也做有砖雕或以花瓦、花砖作为装饰（图 3-17）。

7. 屋面

在北京四合院的建筑中，主要装饰部位为屋脊、瓦当和椽头。北京四合院多为小式建筑，有起正脊和不起正脊两种形式。起正脊的屋面，多为清水脊，是用砖瓦垒砌线脚，两端有翘起的砖条，称"蝎子尾"，下面叠有多块砖瓦雕刻件，即花草砖。其中陡砌在正脊两侧的雕砖花饰，称为"跨草"，平砌在蝎子尾下的雕砖花饰，称为"平草"。清水脊雕刻的内容多以四季花卉、松、竹、葫芦等为主，寓意

美好吉祥（图3-18、图3-19）。不起正脊的屋面中铃铛排山脊和披水排山脊带有垂脊，垂脊末端有与清水脊相似的叠涩砖瓦作为收束，其中也有花草砖，上面常常雕刻一些花草图案（图3-20）。

在一些讲究的北京四合院中，屋面檐口部分的瓦当、滴水上面会有非常精美的雕刻，瓦当雕刻的题材多为花卉、盘长如意图案或福禄寿喜等吉祥祝语，滴水上多为吉祥花卉题材（图3-21）。

图3-18　清水脊花草砖之草砖

图3-19　清水脊花草砖之横草砖

图3-20　垂脊花草砖

图3-21　瓦当

8. 山墙

在北京四合院中，有一小部分讲究的院落会在房屋山墙的山尖部位安装透风砖或砖雕花卉。为了美观，透风砖多为透雕和深雕的花砖，将空隙隐藏在花饰之中，使人不易察觉。其雕刻内容多为植物、花卉，少数也用动物形象（图3-22、图3-23）。

图 3-22　山墙透风砖雕

图 3-23　山墙砖雕

9．象眼灰塑

四合院房屋的很多位置都有三角形区域，统称象眼。为了做出区别则根据其位置的不同冠以名称，比如大门梁架象眼、门廊象眼、垂带象眼等。其中房屋山墙内侧、大门梁架象眼和门廊象眼处，比较讲究的四合院会做砖雕或彩画装饰，这两处的砖雕称为"软花活"，它使用抹灰之后再在上面刻画的方法或堆塑的方法制作，其题材多采用各类锦文、花鸟装饰（图3-24～图3-26）。

除了上述部位外，北京四合院的其他部位也有做砖雕的。如平顶房屋外围的砖栏杆、排放雨水的阴沟沟眼、两个脊之间的砖雕、花瓦等等，充分体现了砖雕艺术在北京四合院中的广泛应用（图3-27）。

图 3-24　大门象眼锦文

图 3-25　大门象眼花卉图案砖雕

图 3-26 门廊砖雕

图 3-27 屋脊之间的砖雕装饰

二、砖雕图案的题材及文化内涵

1. 自然花木图案

北京四合院的砖雕经常将花草作为图案广泛应用。最常见的图案有牡丹、松、竹、梅、兰、菊、灵芝、荷花、水仙、海棠、石榴、葫芦等,这些图案多在历史发展过程中被赋予了美好寓意。如牡丹象征富贵,松象征长寿常青,竹象征气节,梅象征清高,兰象征淡雅,菊象征高雅,灵芝象征吉祥如意,荷花象征出淤泥而不染的高洁,石榴象征多子,葫芦取其谐音福禄和趋吉辟邪的含义。这些图案有的单独使用,有的与其他花草一起使用,也有的和其他种类的题材图案配合使用。梅兰竹菊是花中四君子,组合起来象征了文人高雅的情趣。松竹梅组成"岁寒三友",象征文人雅士的铮铮傲骨与气节。还有以灵芝、水仙、竹子、寿桃组成"灵仙祝寿";以牡丹、海棠组成"富贵满堂"(图3-28~图3-32)。但无论如何,不变的原则就是一定会组

图 3-28 富贵牡丹砖雕

图 3-29 梅兰菊

成一组带有美好寓意的图案。

图 3-30 菊花图案砖雕 　　图 3-31 梅
花图案砖雕 　　　图 3-32 兰花图案砖雕

2．动物图案

动物图案在北京四合院砖雕中应用得也比较多，常见的大型动物有大象、狮子、梅花鹿、马、犀牛、羊等，小型动物和鸟类有喜鹊、麻雀（鹌鹑）、蝙蝠、仙鹤等，还有蜜蜂、猴子等。除了狮子之外，其余大多与其他类型题材组合成为完整图案。如大象与宝瓶、太平花等组成太平有象；犀牛在松树下回头望着月亮组成犀牛望月，寓意天下太平；蝙蝠嘴里叼着铜钱加上绶带，寓意福在眼前；鹌鹑和宝瓶组成平平安安、仙鹤与松树寓意松鹤延年等。这种组合与下文的组合图案十分相似，只是所理解的角度不同而已。龙、凤是人民理想中的吉祥物，但在封建社会，龙、凤纹样却为皇家所独享，民间不能使用。随着封建制度的崩坏，象征吉祥、幸福的龙、凤纹图案也逐渐出现在民间建筑中，但写实的龙、凤形象几乎不用于砖雕中，主要以夔龙、草龙等变形形象为主，常与回纹、蕃草纹结合使用（图3-33～图3-35）。

图 3-33 福在眼前

图 3-34　松鹤延年　　　　　　　　　　　　　　　　图 3-35　狮子

3．博古图案

博古砖雕图案以商周时期的礼器、文房四宝、画卷等为基本内容，多用在戗檐、大门栏板等显著位置。常见题材有青铜器皿、宝鼎、酒具、宝瓶、炉、书案、博古架、画轴等，构图典雅（图3-36、图3-37）。这种图案是古代文人十分喜爱的，表达了尊慕古来贤能、学识博古通今的含义。另外，自宋代大规模收藏古董风潮兴起后，古董也成为财富的象征。

图 3-36　博古纹饰砖雕　　　　图 3-37　宝鼎图案砖雕　　　　图 3-38　大门象眼博古图案

4．蕃草图案

蕃草图案，是自然花草图案的一种变形，也是带有宗教色彩的图案。其构图是一正一反向前卷曲伸展的草弯，为连续图形。北京四合院砖雕中常见的蕃草图案主要有兰花纹、竹叶纹、栀花纹等，这类图案多用于砖檐、混砖等窄长部位，如冰盘檐下的头层檐、砖拔檐、线枋子等处（图3-39、图3-40）。其具体含义不甚明晰，总体上都是吉祥的寓意。

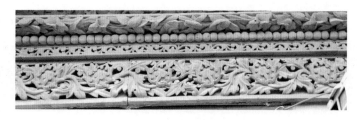

图 3-39　蕃草砖雕 1

图 3-40　蕃草砖雕 2

5．锦纹和变形文字图案

北京四合院中锦纹图案主要有回纹、如意纹、云纹、扯不断、丁字锦、龟背锦、海棠锦等。这些锦纹图案与蕃草十分相似，在整幅图中多充当花边，应用在大幅砖雕的边框、线脚处，来烘托主题。变形文字如团福字、团寿字、万字等，如果将福字、寿字、万字组合到一起则寓意万福、万寿。文字题材的锦纹有的用作周围装饰，有的则直接放置在整幅雕刻中，起到点题的作用。同时，瓦当、滴水、椽头等面积很小的部位，常常独立和组合使用文字图案。锦纹图案与蕃草图案是一直一曲、一方一圆、一硬一软，应用在同一幅作品中时，可以形成强烈的对比效果（图 3-41～图 3-47）。

图 3-41　回纹

图 3-42　万不断

图 3-43　万不断

图 3-44　大门象眼轱辘钱和龟背锦

图 3-45　盘长瓦当

图 3-46　福寿

图 3-47　影壁山尖万字砖雕

6．人物故事图案

人物故事的内容主要是大家耳熟能详的历史人物和戏文小说，如竹林七贤、《三国演义》、八仙过海、二十四孝图等。但这类题材在四合院砖雕中较为少见。

图 3-48　人物故事砖雕

7．宗教神话图案

由于民间信仰宗教者众，宗教法器类题材在北京四合院砖雕中也常出现。比较常见的是"暗八仙"。八仙是道教的八位仙人：铁拐李、汉钟离、张果老、蓝采和、何仙姑、吕洞宾、韩湘子、曹国舅。这八人每人所持法器不同，铁拐李持葫芦，汉钟离持芭蕉扇，张果老持渔鼓，蓝采和持花篮，何仙姑持莲花，吕洞宾持宝剑，韩湘子持横笛，曹国舅持阴阳板。在砖雕图案中，常用这八种法器来隐喻这八位仙人，故称"暗八仙"。另外佛教纹饰中的西番莲在四合院中也偶有应用，佛教八宝——法轮、宝伞、盘花、法螺、华盖、金鱼、宝瓶、莲花，统称八宝吉祥，在一些四合院的砖雕中也有应用。

8. 组合图案

组合图案在北京四合院砖雕中的应用最为广泛，它将前五类图案结合在一起，采用象形、谐音、比拟、会意等手法，即用每种图案代表的含义或读音的谐音串联起来表达寓意。如用牡丹和鸟类白头翁组成"富贵白头"；以松树、仙鹤、梅花鹿组成"鹤鹿同春"；以寿字、五个蝙蝠组成"五福捧寿"；以葡萄、葫芦、藤蔓和绶带组成"子孙万代"；以蝙蝠、石榴组成"多子多福"；以花瓶、月季组成"四季平

图 3-49　喜上眉梢

图 3-50　栏板砖雕喜上眉梢、富贵白头与和合二仙

图 3-51　鹤鹿同春

图 3-52　事事如意

安"；以如意、宝瓶组成"平安如意"；以柿子、花瓶、鹌鹑组成"事事平安"；以柿子和万字组成"万事如意"；以梅花、喜鹊组成"喜上眉梢"；以桂圆、荔枝、核桃组成"连中三元"；以莲花、鱼组成"连年有余"；等等。这些组合图案千变万化，不胜枚举。

102

第二节　金石隽永——北京四合院的石雕及其文化内涵

石雕艺术的历史比砖雕艺术更为悠久，在中国传统建筑中得到了广泛的应用。但在居住建筑中，石雕的应用却不如砖雕广泛，主要是因为民居建筑中采用石料的部分远远少于用砖的部分，且做法都比较朴素。北京四合院中的石雕题材丰富，雕工精湛，具有极高的艺术价值。

一、四合院石雕的主要雕刻技法

北京四合院中的石雕，石料的材质主要是青白石，民国时期或近代新建的四合院中，还有极少一部分使用了汉白玉，因为封建时代汉白玉是皇家专用石料。石雕从雕刻技法上可分为平雕、浮雕、圆雕、透雕四种。

平雕：是石雕中最简单的一种，借助线条造型，不论用阴刻或是阳刻，花纹均在一个平面上，没有透视变化。多用来雕刻万字不到头、回纹、丁字锦、鼓钉等纹饰。

浮雕：又称凸雕，是石雕中用得较多的一种雕刻手法，通过不同深浅、多层次画面来表现题材的立体感。浮雕雕刻手法中，依据层次的不同分为浅浮雕和高浮雕，浅浮雕只有一部分层次，表现雕刻图案的小部分面貌；高浮雕的层次、空间感更强烈，能表现出雕刻图案的大部分面貌。浮雕技法多用于抱鼓石、滚墩石、陈设座等石雕构件的主体图案。

圆雕：即立体全形雕刻，把雕刻图案的主体、细部细画细雕，完全表现出来。圆雕技法多用于抱鼓石上的石狮。

透雕：主要是通过透空分成若干层次，把前景与后景区分开来。透雕技法在北京四合院中的应用相对较少。

二、四合院石雕主要构件及图案题材

1．门墩

门墩又写作门礅，也称门鼓、抱鼓石，指门枕石露在大门外侧的部分，是石雕装饰的重点部位。北京四合院的门墩按造型主要有两种类型：一种是做成圆形鼓子样式的抱鼓型门墩，俗称圆鼓子或圆形门墩；另一种是做成类似古代汉族男子头巾样式的长方形幞头门墩，称幞头鼓子，俗称方鼓子或方形门墩，现也被称为箱形门墩。其余还有狮子形门墩、柱形门墩等特殊造型。门墩的材质则几乎全为青白石。

抱鼓型门墩多用于大、中型宅院的宅门，其中尤以广亮大门、金柱大门和蛮子大门为多，也有的使用在四合院二门上。其整体可分为两部分，下部为基座，上部为圆形抱鼓部分，约占全高的三分之二。基座一般做成须弥座形式。标准的须弥座由圭脚、下枋、下枭、束腰、上枭、上枋几部分组成，但多数门墩都简化处理，要么去掉下枭和上枭，要么去掉下枋和上枋。须弥座的左、右、前三个立面有垂下的包袱角，其上做锦纹雕刻。须弥座上就是圆形抱鼓部分，由鼓身和鼓座组成。鼓座位于须弥座上，一般做成荷叶向两侧翻卷的造型，鼓座上部即是鼓身。鼓身两面有鼓钉，鼓面有金边，中心为花饰。鼓身两面的鼓心图案常见的有转角莲、牡丹花、荷花、麒麟卧松、犀牛望月、松鹤延年、狮子滚绣球、五世同居等等，两面鼓心图案可以相同也可以不同。鼓身的正前面多用浅浮雕雕刻，图案一般为如意纹、宝相花、四世同堂，等等。在鼓身的顶部一般为圆雕的狮子或其他瑞兽造型，狮子有蹲狮、卧狮和趴狮等不同形态。蹲狮又称站狮，前腿站立，后腿俯卧，头部扬起；卧狮是俯卧的狮子形象；趴狮是对狮子造型的简化，狮身基本含在圆鼓中，只有狮子头略略扬起（图3-53）。

兽

鼓身

鼓座

基座

图 3-53　圆形门墩各部位名称

图 3-54　圆形门墩

　　幞头鼓子略小于抱鼓型门墩，多用于如小型如意门、墙垣式门等体量较小的宅门和二门上，整体也可分为两部分：下部的须弥座，上部的幞头。幞头的金边图案多为回纹、丁字锦等。幞头的侧面和正面多做浮雕图案，内容有回纹、汉纹、各种花鸟和吉祥纹样。幞头顶部多做圆雕卧狮造型。

图 3-55　方形门墩

图 3-56　回纹方形门墩

图 3-57　高浮雕方形门墩

2. 滚墩石

　　滚墩石是用于独立柱垂花门、木影壁两侧的支撑构件，起稳定作用。滚墩石的造型多为两个相背的抱鼓石，在中间的石材上有安装柱子的"海眼"，做成透眼，让柱子穿过透眼直达基础，起到稳定垂花门或木影壁的作用。滚墩石上的雕刻内容、纹饰与抱鼓石大致相同。

图 3-58 滚墩石

3. 上马石、拴马桩

上马石位于宅院门外左右两侧，成对设置，供人上下马或车轿时蹬踏使用。一般大门左右各一块，左边上马，右边下马。同时上马石也是显示主人身份的标志物之一。宋代《营造法式》中已经有记载，称为马台，石质。书中记载："造马台之制：高二尺二寸，长三尺八寸，广二尺二寸。其面方，外余一尺六寸，下面作两踏。身内或通素，或迭涩造；随宜雕镌华文。"[①]北京四合院的上马石与宋代的基本相似，也多为两步的石台，只是所见实物尺寸上都稍小。有素做和雕刻两种做法。雕刻的上马石下部刻出奎脚形状，上面刻成包袱形状，包袱上面浮雕出精美的锦纹或吉祥图案。如刻上狮子，意为驱邪避恶；刻上猴子，意为弼（避）马瘟，弼马瘟是齐天大圣孙悟空的雅号。

拴马桩，顾名思义就是拴马的石构件，一般位于宅门外。常见的

图 3-59 上马石（两步）

图 3-60 上马石

图 3-61 拴马桩

---

① 李诫：《营造法式》，商务印书馆，1938年版。

有两种：一种是拴马桩，露出地面部分高约1米，其上刻出穿缰绳用的"鼻梁儿"，端头部位略做雕刻；一种是在临街房屋的后檐墙上，正对后檐柱的位置，留出一个约15厘米见方的洞口，在相应的后檐柱上安装铁环，用以拴缰绳。洞口一般用石块雕琢而成，有些洞口石块的里口会刻上浮雕纹样加以美化。

4. 泰山石敢当

泰山石敢当在四合院内传统风水理论中做"镇宅辟邪"之用，主要设置在朝向道路的临街房屋的墙角或山墙位置（图3-62～3-65）。其实它的主要作用就是防止车辆碰撞房屋，类似现代的防撞墩，只是古人加以想象推演而已。据记载，元代北京的住宅已经使用石敢当了。元末明初陶宗仪《南村辍耕录》记载："今人家正门适当巷陌桥

图3-62　《鲁班经》内的泰山石敢当图样　　　图3-63　《鲁班经》中的泰山石敢当虎头部分图样

图3-64　倒座房前的石敢当1

图3-65　倒座房前的石敢当2

道之冲，则立一小石将军，或植一小石碑，镌其上曰石敢当，以厌禳之。按西汉史游《急就章》云：石敢当。颜师古注曰：'卫有石碏、石买、石恶，郑有石制，皆为石氏。周有石速，齐有石之纷如，其后以命族。敢当，所向无敌也。'据所说，则世之用此，亦欲以为保障之意。"①明代成书的《鲁班经》一书也记载："凡凿石敢当……立于门首……凡有巷道来冲者，用此石敢当。"②书中还记载了泰山石敢当的尺寸，绘制了图样。目前，北京四合院中所见的泰山石敢当有三种样式，一种是与《鲁班经》中的图样一样，为长方形石条，上端刻成虎头形状，虎头下面刻有"泰山石敢当"字样，条石下端也刻有纹饰。另外一种泰山石的形状为长方形，上端雕为弯曲的半圆形，素面无字（图3-64）。还有一种只立一块方正的石材，不做雕刻（图3-65）。

5. 陈设座

陈设座是庭院中用于摆放盆景、奇石、鱼缸等陈设之物所用的单独石座，又称陈设墩。陈设座的造型多样，从平面上分有方形、圆形、六边形或者八棱形。立面造型多为方形、圆形或各种须弥座的组合形体。雕刻的内容有自然花草、锦纹，偶尔也有动物、人物故事等。陈设座的造型颇具匠心，是一件观赏性极强的艺术品。如今的四合院中已经很难见到了。

图3-66 陈设座

① ［元］陶宗仪：《南村辍耕录》，辽宁教育出版社，1998年版。
② 浦士钊：《绘图鲁班经》，鸿文书局，1939年版。

6. 石绣墩

石绣墩位于庭院中,供人小坐休息之用。其造型似鼓,鼓身表面雕刻出各种花卉、寿面、吉祥图案。雕刻技法有圆雕或透雕。目前的四合院中,已经所剩无几了。

7. 拱心石

拱心石是拱券正中间的那块上大下小梯形石,在拱券建造的最后放置,作用是通过上大下小外形,将拱券挤紧,使整个拱券成为一个整体。拱心石多用于西洋式拱券门中,一种是素面,只是在拱心石四周做线脚装饰,另一种采用兽首造型。

图3-67 拱心石

北京四合院的石雕构件,除上述几种外还有用于房屋山面的透风石、用于拔檐的挑檐石、用于阴沟沟眼的沟门石、用于排水之暗沟与地面水口持平处的沟漏石(多用钱币、如意等图案)等。这些使用石构件的部位多数是因为建筑物需要较为坚硬材质使然。如门墩作为常年开关大门的底座需要十分坚固的材料。另外,为了不让大门扑倒,也需要很大的配重才能使得大门牢固。因此,越大的门需要的门墩也就更大,以增加配重。其他如上马石、拴马桩、闩眼石等无不如是。阴沟沟眼的沟门石等常年潮湿的部位也需要耐腐蚀的石材质。

第三节 刻木流辉——北京四合院的木雕

在我国，建筑商使用木雕的历史十分悠久，据成书于周代后期的《周礼·考工记》记载："凡攻木之工有七……攻木之工，轮、舆、弓、庐、匠、车、梓。"[①]七工中的"梓"即为梓人，指专做小木作工艺的匠人，小木作就包括木雕刻。在古代，随着社会经济的发展，木雕刻逐步制度化，宋代李诚编修《营造法式》便将雕作细分为四种，即混作、雕插写生华、起突卷叶华、剔地洼叶华，对于每一种雕作又有相应的制度规定，如"混作之制有八品，一曰神仙，二曰飞仙，三曰化生，四曰拂菻，五曰凤皇，六曰狮子，七曰角神，八曰缠柱龙"[②]。雕刻技法方面，则主要分圆雕、线雕、隐雕、剔雕、透雕五种基本形式，其中隐雕在《营造法式》中归入剔地技法。至明、清时期，木雕技艺进一步发展，在原有的五种基本木雕技法上又创造出贴雕和嵌雕技法。

木雕依照不同的雕刻部位又划分为大木雕刻和小木雕刻，大木雕刻指大木构件梁、枋上装饰物件的雕刻，如麻叶梁头、雀替、花板、云墩等；小木雕刻则指房屋内、外檐的装饰雕刻。北京四合院中，木雕装饰涵盖了从大木作到小木作，从室内到室外的各个木构件，其中以宅门、房屋门窗、垂花门、室内隔扇等部位最为集中。这些木雕与四合院建筑构件有机结合，使得四合院的建筑形象更加丰富多彩，建筑空间层次更加多样，为北京四合院增添了无尽的魅力，使四合院更富艺术感染力。它是四合院建筑内外环境装饰中重要的处理手法之一。

---

① 李学勤：《十三经注疏·周礼注疏》，北京大学出版社，1999年版。
② ［宋］李诚：《营造法式》，商务印书馆，1933年版。

一、北京四合院木雕主要雕刻技法

1. 平雕

平雕技法是最常用的木雕技艺，其方法是在木材平面上通过阴刻或线刻的手法表现图案实体。最常见的刻法有三种，一是线雕，类似印章的阴纹雕刻，雕刻内容主要为花草等图案。二是锓阳刻，即将图案轮廓阴刻下去，突出图案本身的刻法，北京四合院中的门联常采用此种刻法。三是阴刻，是将图案以外的部分全部平刻出去，衬托图案本身。

2. 透雕

透雕技法是明、清时期最为常见的雕刻技法之一，具体做法是将图案以外的部分全部镂空，形成玲珑剔透之感，使图案呈现立体效果，栩栩如生。北京四合院中的牙子、垂花门花罩、花板、卡子花等常采用此种雕刻技法。

3. 落地雕

落地雕技法在宋元时期被称为"剔地起突"。据宋代的《营造法式》记载："雕剔地起突卷叶华之制有三品，一曰海石榴华，二曰宝牙华，三曰宝相华。……凡雕剔地起突华，皆于版上压下四周，隐起身内华叶等。"[1]落地雕技法是指将图案以外的地子剔下去，并保留图案部分，形成反衬，与平雕的区别主要是图案更具层次感，具有一定立体效果。北京四合院中的室内隔扇裙板上可见此雕刻技法。

4. 圆雕

圆雕技法属立体雕刻范畴，大体上与透雕类似，主要区别在于此雕刻方法需要对上下左右前后各个方位进行雕刻，从而形成立体感。

---

① ［宋］李诫：《营造法式》，商务印书馆，1933年版。

北京四合院中的栏杆花瓶常见此雕刻技法。

5. 贴雕与嵌雕

贴雕与嵌雕技法兴于清代晚期，具体做法是事先将图案雕刻成型，再贴到或镶嵌到需要装饰的物件表面。北京四合院中的隔扇门窗裙板、绦环板等常采用此雕刻技法。

6. 棂条花格图案

北京四合院中还有一种特殊的木雕装饰，那就是棂条花格。四合院中的隔扇、帘架、槛窗、支摘窗、横披窗等槅心部分通常均采用棂条花格的装饰方式。常见的棂条花格有步步锦、灯笼框、龟背锦、盘长如意、冰裂纹等，也常通过这些基本图形组合演变出各种图案。

步步锦棂条花格的基本线条是由长短不同的横棂条与竖棂条，按一定规律组合在一起而成，上下左右对称。同时，在棂条花格之间常有工字、卧蚕或短棂条连接支撑，并依照一定顺序排列出各种不同的形式。人们将这种纹饰冠以"步步锦"的美称，寓意"步步锦绣，前程似锦"，反映出人们渴望不断进取，一步步走上锦绣前程的美好愿望。

灯笼锦棂条花格是将灯笼形状加以提炼，抽象而成的棂条花格图案。这种纹饰的木棂条排列疏密相间，木棂条间用透雕的花卡子连接，既有实用功能，又有装饰效果。灯笼框中间有较大的空白，有些文人雅士在上面题诗作画，使之充满文化气息。灯笼框取灯笼的造型，灯笼是光明的象征，寓意"前途光明"。

龟背锦棂条花格是以六边形几何图形为基本元素组成的棂条花格图案。龟在我国古代是长寿的象征，用龟背上的图案作为纹饰图案，有健康长寿之寓意。

盘长如意棂条花格是用封闭的线条回环缠绕形成的图案。盘长原是佛教八种法器之一，寓意"回环贯彻，一切通明"，象征贯彻天地万物的本质，能够达到心物合一、无始无终和永恒不灭的最高境界。

使用盘长纹饰，寓意家族兴旺、子孙延续、富贵吉祥世代相传。

冰裂纹棍条花格形似冰面炸裂产生的自然纹理，有回归自然之感，反映出人们对大自然美好事物的追求。同时也寓意冰清玉洁。我国古代最著名的冰裂纹可能莫过于宋代哥窑的瓷器了，其冰裂开片、金丝铁线的造型特色，自从问世以来就受到了皇家和文人的喜爱，汝窑和龙泉窑都曾模仿烧造。

二、北京四合院木雕构件及题材内容

北京四合院中的木雕分为室外木雕和室内木雕两部分，室外木雕包括从外檐到内檐的木构件、各式门窗装修、栏杆、花罩、楣子等；室内木雕包括分隔空间的花罩、碧纱橱、床罩以及木板壁等。

1. 大门木雕

大门木雕主要集中于门簪、雀替、倒挂楣子、花牙子等部位，有时大门的走马板也做木雕装饰，题材包括花草、文字、动物等。

门簪位于大门中槛位置，是连接中槛和连楹的构件，因其形似古人头上的簪子，故名。门簪凸出于大门外的簪头一端，外形最常见的是六角形（也称梅花形）和圆形两种。尾部做成一个长榫，穿透中槛及连楹，伸出头，插上木榫使连楹和中槛紧密固定。门簪的数量依据宅门体量不同而有所区别，体量稍大的宅门往往安置四枚门簪，如广亮大门、金柱大门；体量稍小的宅门则仅使用两枚门簪，如蛮子大门、窄大门、如意门。

门簪不仅自己本身是一件木雕，讲究的四合院在门簪朝外一端表面还会进行雕刻，雕刻技法以贴雕为主。门簪木雕题材大致可分为文字和花卉两大类，文字类木雕多为富贵平安、吉祥如意、团寿字、福禄等吉祥祝词，体现了主人的美好愿望和思想；花卉类木雕则主要以象征一年四季富庶吉祥的四季花卉——牡丹（春）、荷花（夏）、菊花（秋）、梅花（冬）等吉祥图案为主，还往往会根据不同的花卉品种饰以相应的色彩。

图 3-68　四枚圆形雕刻花卉门簪

图 3-69　四枚梅花形雕刻文字门簪

图 3-70　两枚梅花形雕刻
文字门簪

图 3-71　两枚圆
形雕刻花卉门簪

图 3-72　四枚雕花带彩画门簪

雀替是安置在建筑的横材（梁、枋）与竖材（柱）交接处，起到承托梁枋和装饰作用的木构件。北京四合院宅门中的广亮大门、金柱大门很多都在檐枋下面安装雀替，其他形式的宅门则不使用。另外，部分垂花门也装饰雀替。雀替本身就是一件木雕，其表面有的也进行雕刻，内容多为云纹、蕃草、花卉图案，均采用落地雕技法。

图 3-73　雀替

图 3-74　雀替表面雕刻

大门的后檐往往装饰倒挂楣子、花牙子，其从棂心花格图案到花牙子和花卡子木雕图案都与其他房屋的形式没有什么区别。

图 3-75　步步锦倒挂楣子花牙子

图 3-76　灯笼锦倒挂楣子花牙子

2．垂花门木雕

垂花门是四合院中木雕使用面积最大、最多的建筑，雕饰包括花罩木雕、花板木雕、垂柱头木雕、门簪、倒挂楣子、花牙子、雀替等，雕刻技法以落地雕、透雕形式居多。

花罩位于垂花门的罩面枋下，常见雕饰题材有寓意子孙万代的葫芦及藤蔓、寓意福寿绵长的寿桃及蝙蝠、寓意玉堂富贵的玉兰及牡丹、寓意岁寒三友的松竹梅等。另有少数花罩做成简单的雀替及倒挂楣子形式或雕饰由回纹、"卍"字、寿字等汉文组合成的纹样，寓意万福万寿。

图 3-77　花罩木雕岁寒三友

图 3-78　垂花门花罩局部

图 3-79　垂花门花罩 1

图 3-80　垂花门花罩 2

　　花板位于垂花门正面的檐枋和罩面枋之间及山面的梁架和随梁枋之间，是在由短折柱分隔的空间内镶嵌的透雕花板，雕饰题材以蕃草和四季花草为主。

图 3-81　垂花门花板

图 3-82　花板

图 3-83　垂花门莲瓣形垂柱头

　　垂柱头主要分为圆柱头和方柱头两种形式，其中圆柱头常雕刻成莲瓣头，形似含苞待放的莲花。有时还雕刻为二十四节气柱头，俗称风摆柳。方柱头一般是在垂柱头上的四个面做贴雕，雕刻题材以四季花卉为主。

图 3-84　垂花门圆形垂柱头　　　　图 3-85　莲瓣形垂柱头　　　　图 3-86　方形垂柱头

倒挂楣子和花牙子位于垂花门的垂柱与前檐柱之间或垂柱与花罩之间，雕刻题材多为蕃草图案。此外，有些颇讲究的垂花门也会在月梁下的角背上面做精美雕饰，凸显垂花门的富贵华丽。

图 3-87　垂花门倒挂楣子花牙子

3．门窗木雕

北京四合院的门以隔扇门为主，它安装在建筑的金柱或檐柱间。其构件由边挺、槅心、绦环板、裙板及抹头组成，抹头数目有四、五、六三种。隔扇门一般在建筑明间使用，依据建筑开间大小，隔扇数量有四扇、六扇、八扇不等，其中以四扇较为常见。

隔扇门基本形式主要由上、下两部分构成。上部为槅心，是隔扇采光的部分，常用木制棂条花格拼成步步锦、灯笼锦、拐子锦、龟背锦、十字海棠、套方、万字等各种纹饰。棂条花格之间常装饰木雕卡子花。下部为裙板，裙板与槅心之间常装设绦环板。如果隔扇较高，在槅心之上、裙板之下可增加一道绦环板。裙板及绦环板多为素面，但在较为讲究的四合院中，这里也成为木雕装饰的重点，题材丰富，

图3-88 隔扇门

常见自然花草、蕃草、草龙、如意纹等，有的也雕饰风景或人物故事，这些纹样均表达美好的寓意，雕刻技法则以贴雕为主。

帘架是一种门框，固定在隔扇门外，用于挂门帘或风门之用。冬季寒冷，挂棉门帘或风门以阻挡寒风；夏季炎热，挂竹帘既凉快通风，又能防止蚊、蝇等飞入。帘架高度同隔扇门，宽比两隔扇略宽。帘架可分上、下两部分，上部为帘架心，用木制棂条组成步步锦、龟背锦等各种纹饰；下部挂门帘。同时，固定帘架边挺的木构件也是一件雕刻艺术品，一般上端构件雕刻成荷叶栓，下端构件雕刻成荷叶墩。

图3-89 隔扇门裙板

图3-90 隔扇门裙板

窗是北京四合院中的主要元素，窗的形式主要涵盖槛窗、支摘窗、横披窗和什锦窗四种，多以棂条组成各种图案，但有时也做木雕装饰，如在灯笼锦、步步锦一类的棂条局部设有花卡子，分圆形与方形，常雕饰为蝠、寿、桃、松、竹、梅等吉祥纹样或自然花草纹样，一方面起到连接加固棂条的作用，另一方面也起到美化窗格、表达美好寓意的作用。

槛窗是安装在柱间槛墙上的窗，在四合院建筑中主要应用于厅堂。槛窗也是多扇并列使用，一般房屋明间用隔扇门，两侧开间用槛窗。槛窗顶部与隔扇门顶部同高，样式、装饰纹饰也与隔扇门上部相同，形成统一的装饰风格，木雕技法以贴雕最为常见。

　　支摘窗是安装在柱间槛墙上的窗，是北京四合院建筑中普遍使用的窗户。支摘窗是将窗框分为相等的上、下两部分，上部窗扇可向外支起，下部窗扇可以摘下，故称支摘窗。支摘窗也是多组并列使用，顶部与隔扇门顶部同高，样式、装饰纹饰也与隔扇门上部相同。支摘窗的木雕主要是一些带有卡子的棂条图案，卡子纹样包括圆寿字、花卉等，雕刻技法以透雕者居多。

图 3-91　步步锦棂心支摘窗

　　当房屋立柱升高，隔扇门高度又不能过高时，就在隔扇门、槛窗或支摘窗上部安装一扇横向的窗，称横披窗。横披窗不能开启，只用作采光。横披窗常以木棂条组成各纹饰，纹饰与隔扇门、槛窗或支摘窗相同。

　　四合院中还有一种特殊的窗户，即游廊常用的什锦窗，其窗洞口也使用棂条花格装饰，有的贴脸、窗框也使用木质并进行雕饰。

图 3-92　什锦窗

图 3-93　冰裂纹棂条花格什锦窗

4．隔扇木雕

隔扇也称为隔断，是北京四合院房屋内分隔空间的构件，兼有装饰和实用作用。隔扇有的能活动，可以自由分隔空间，有的是固定的。按照形式可以分为罩（也称花罩）、碧纱橱、博古架和板壁等几种。这些隔扇使用棂条花格、雕刻等方式组成各种或雅致或精美的图案。

花罩用在房屋进深方向的柱间，它既有分隔房屋间与间的功能，同时又有房屋之间通道的作用，而且罩通常都是大面积使用半遮半透的棂条花格，更给人一种似隔未隔的感觉，增加室内层次感，使室内布置更显精致典雅。罩又可以分为几腿罩、落地罩、圆光罩、栏杆罩、床罩等。

几腿罩是花罩中形体最为简洁的一种形式，由上槛框、中槛框和两根抱框组成。因其两根抱框与上槛框、中槛框之间的关系似一个几案，两根抱框恰似几腿，故而得名。在上槛框与中槛框之间安装横披窗，窗是不能活动的，窗的纹饰以棂条花格为主，中槛与抱框交角处各安一块木雕花牙子。

落地罩是北京四合院最常见的一种花罩，它好似是在几腿罩两侧再各安装一扇隔扇形成。落地罩两端的抱框落地，紧挨着抱框各安一扇隔扇，隔扇下端不是直接落地的，而是落在一个木制类似须弥座的墩上。有些落地罩不用棂条花格形成隔扇，而是沿抱框到须弥墩之间均使用木透雕，十分华丽。这种形式的花罩，又称为落地花罩，只是在北京四合院内极其少见。

图 3-94　落地罩 1

图 3-95　落地罩 2

　　栏杆罩是带有栏杆的花罩，是在几腿罩两侧抱框内侧各加一根立框，将房屋进深间隔成中间大、两边小的三开间；在两侧的抱框和立框之间的下部加装栏杆，仅中间供人走动。栏杆一般采用寻杖栏杆形式。

　　床罩是安装在床榻前面的花罩，雕刻技法、题材与落地罩同。罩内侧挂幔帐，晚间就寝时将幔帐放下，白天将幔帐挂起。

　　另外还有几种罩也是沿着房屋进深方向分隔空间，中间部位留出门洞，门洞形状为圆形的称圆光罩、六角形的称六方罩、八角形的称八方罩。门的上部和两侧均满做棂条花纹。

　　碧纱橱常用在进深方向的柱间，由槛框、横披和隔扇组成，隔扇的槅心部分做成上、下两层，一层固定，一层可以拿下来，中间夹上纱或者绢，碧纱橱也因此而得名。北京四合院内的碧纱橱槅心多采用灯笼框图案，裙板及绦环板上有的用素面，讲究的也会做落地雕或贴雕，题材以花卉和吉祥图案为主，偶有人物故事，比较常见的雕饰题材有子孙万代、鹤鹿同春、岁寒三友、灵仙祝寿、福在眼前、富贵满堂、二十四孝图等。根据房屋进深大小，碧纱橱的隔扇有六、八、十和十二几种。有些碧纱橱还在门扇上安装帘架用以安装纱帘之用。室内帘架与室外帘架稍有不同，因不考虑防风、防寒等问题，故不用安装风门，只安装帘架的框架即可。碧纱橱是可以移动和改装的，需要重新组合室内空间时，只需将隔扇摘下，重新组装即可。

图 3-96　碧纱橱 1

图 3-97　碧纱橱 2

图 3-98　几腿罩

图 3-99　隔扇蝠纹雕刻

图 3-100　门窗团寿图案木雕

　　博古架又称多宝格，也是四合院室内常见的一种隔断方式，兼有室内陈设家具和装饰两种功能，进深与开间两个方向均可采用，摆放位置根据主人的意愿而定。博古架由上、下两部分组成，上部是博古架的主体，由各种不规则的架格组成，用来摆放器物、书籍；下部是板柜，用来储藏古玩器物或者书籍。有的博古架顶部安装朝天栏杆之类的装饰。博古架当作隔断使用时，设有门洞，供人出入。有的将门开在中间，也有的开在一侧。博古架多出现在豪门富户或酷爱古玩的收藏者家中，一般普通人家很少见。

板壁也称木板墙，多建于房屋进深方向。板壁是在柱间立槛框，框间安装木板，在木板上做一些装饰，或糊纸，或油饰彩绘，或雕刻。也有的板壁做成若干扇，每扇分上、下两部分，上部满装木板，木板上或刻名诗古训，或刻名人字画；下部做成绦环板、裙板样式。

图 3-101　博古架

5．栏杆木雕

栏杆用于建筑外檐的装修，按构造做法主要分为寻杖栏杆和花栏杆。寻杖栏杆由望柱、寻杖扶手、腰枋、下枋、地栿、牙子、绦环板、荷叶净瓶等组成，其他类型的栏杆则基本由寻杖栏杆变形而成。民国以前，由于等级制度不允许王府级别以下住宅建造超过一层的建筑，所以这一时期北京四合院建筑的外檐均不需要做栏杆。目前所见的四合院中栏杆主要是民国时期在四合院中建造二层楼房建筑时于外檐使用的，以寻杖栏杆为主。此类栏杆雕饰包括镶在下枋和腰枋之间的花板、绦环板和位于腰枋与寻杖扶手之间的净瓶。花板雕饰以透雕为主，净瓶上的雕饰则主要运用圆雕技法，图案多采用荷叶纹样。

图 3-102　栏杆木雕 1

图 3-103　栏杆木雕 2

6．楣子和花牙子木雕

楣子又称挂落，安装在檐柱之间、檐枋下面，既有实用作用，又有装饰作用，依据安装位置的不同分为倒挂楣子和坐凳楣子两类。

倒挂楣子是安装在大门后檐、垂花门、房屋外檐或者抄手游廊的檐枋之下的木装修，有棂

图3-104　灯笼锦倒挂楣子花牙子

条楣子和雕花楣子两种形式。北京四合院中以棂条楣子最为多见，它一般是由边框、棂条花格和花牙子组成，棂条花格图案与门窗花格样式基本一致。花牙子是安装于楣子的立边与横边交接处的构件，一方面起到加固作用，另一方面达到美化作用。花牙子纹样常见有松、竹、梅、回纹、回纹蕃草等，雕刻技法主要为透雕。雕花楣子较为少见，它由边框和花心组成。倒挂楣子在北京四合院中的应用位置很多，主要有大门后檐柱间、廊子、过道门、房屋前廊柱间、垂花门等。

坐凳楣子一般安装在房屋外廊檐柱之间或抄手游廊柱间下部，是供人休息的木装修。坐凳楣子由坐凳面、边框和棂条组成，起到一定支撑坐凳板的作用。坐凳楣子的棂条花格与花卡子雕刻题材图案一般

图3-105　盘长如意

图3-106　四方交八方倒挂楣子花牙子

与倒挂楣子保持一致。

图 3-107　倒挂楣子花牙子

图 3-108　坐凳楣子

此外，还有一种较为特殊的楣子，称为挂落板或挂檐板，通常安装在房屋、楼阁的屋檐下，尤其以平顶房子和廊子居多，就像一幅短帘子悬挂在屋檐下，用以保护房屋梁头、檩条端部，使其不至因为日晒雨淋而糟朽，又称封檐板或檐下花板。挂檐板有木挂檐和砖挂檐两种，比较常见的是木挂檐，以素面做法居多，不带雕饰。比较讲究的四合院则在挂檐板上雕刻各种图案，常见题材有花卉、飞鸟、动物等纹样，雕刻技法多采用隐雕，也有用浅浮雕的形式。北京四合院中最为常见的一种木挂檐板是雕刻成如意头形。

图 3-109　倒挂楣子、花牙子和木挂檐板

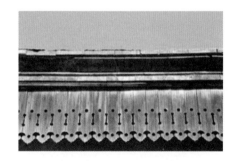
图 3-110　如意头形木挂檐板

7. 匾联

匾联是匾额与楹联的统称。在北京四合院中，匾额与楹联是中国

传统书法艺术与传统建筑形式的完美融合，其文字内容对加深建筑意境的理解及欣赏具有画龙点睛的作用。不同的匾联内容，赋予了建筑不同的寓意和内涵。

匾额一般安置于门楣或梁枋上，分为书卷匾、册页匾、扇面匾等多种样式，以长方形横匾最为常见。四合院中的匾额题名通常为堂号、室名、姓氏、祖风、成语、典故等，字体涵盖真书、草书、隶书、篆书，文字有阴刻与阳刻之分，雕刻技法多样。

楹联一般悬挂于建筑明间入口的檐柱或金柱上，有的也悬挂于门框上。楹联多镌刻于木板上，内容丰富，其中不乏名人手笔，文字有阴刻与阳刻之分，雕刻技法多样。

第四节　画彩仙灵——北京四合院的油饰彩画

油饰彩画也称油漆彩画，即在中国传统建筑木构架表面施以油漆彩画，是古建筑的传统做法之一。这种做法一方面可以起到木构架防腐的作用，同时也具有良好的装饰效果。四合院作为中国北方的代表性居住建筑，油漆彩画的做法又有别于其他古建筑，形成了自身的特点。

在古建筑发展的早期阶段，并没有明显区分油饰和彩画，二者的主要目的都是防止建筑木构架腐朽，兼具一定装饰作用。随着历史的发展，油饰彩画逐步划分为油漆作与彩画作两类工种。油漆作更偏重保护木构架，彩画作更注重装饰。至明清时期，油漆彩画的工艺进一步细化，尤其是在清雍正十二年（1734年）颁布《工部工程做法则例》后，油饰彩画被分为油作和画作。

油漆彩画同时也受到了古代封建等级观念的影响，成为象征古代建筑身份等级的重要组成部分。据《唐会要·舆服志》记载，唐代的时候就对各级官员的住宅使用油漆彩画做了规定："六品七品以下堂舍，不得过三间五架，门屋不得过一间两架。非常参官，不得造轴心舍，及施悬鱼对凤瓦兽通袱乳梁装饰。"[1]《宋史·舆服志》亦载："凡民庶家，不得施重拱、藻井及五色文采为饰，仍不得四角飞檐。"[2]

明代对于建筑油饰彩画的使用也有明确规定。据《明史·舆服志》记载，明代对勋戚和官员宅第有详细规定："公侯，……用金漆及兽面锡环。家庙三间，五架，……梁、栋、斗拱、檐角彩绘饰。门窗、枋柱金漆饰。……一品、二品，厅堂五间，九架，屋脊用瓦兽，梁、栋、斗拱、檐角青碧绘饰。……三品至五品，厅堂五间，七架，……梁、栋、斗拱、檐角青碧绘饰。门三间，三架，黑油，锡环。六品至

---

① ［宋］王溥：《唐会要》，中华书局，1955年版。
② ［元］脱脱等：《宋史》，中华书局，1977年11月第一版，第3600页。

九品，厅堂三间，七架，梁、栋饰以土黄。门一间，三架，黑门，铁环。品官房舍，门窗、户牖不得用丹漆。……三十五年申明禁制，一品、三品厅堂各七间，六品至九品厅堂梁栋只用粉青饰之。"[①]清代基本沿袭明代制度，油饰彩画的运用仍需遵照严格的等级制度。《大清会典》（乾隆朝）中规定："顺治九年定，……公侯以下官民房屋，台阶高一尺，梁栋许绘画五彩杂花，柱用素油，门用黑饰。官员住屋，中梁贴金。二品以上官，正房得立望兽，余不得擅用。"[②]

北京四合院作为北京地区主要的居住建筑，在这种客观需要和等级制度的双重作用下，油饰彩画依据四合院等级或建筑需求的不同，形成了自己的制度与特色。

一、北京四合院的油饰

油饰作为北京四合院建筑木构架的保护措施和最主要的色彩装饰方法，按工艺可分为油灰地仗与油皮两部分。油饰依据不同的建筑等级或不同的建筑功能在色彩上又有红色、绿色、黑色等几种颜色。

1．油灰地仗

油灰地仗是油饰的基层，使用砖面灰、血料及麻、布等材料包裹在木构架外，干燥后形成一层保护木构架的灰壳，在此基础上再进行油漆。四合院的地仗按照工艺有几种做法，即"一麻三灰""一布四灰""一麻五灰""一麻一布六灰"等。

2．油皮

油皮是木构件表面于地仗上涂刷的油漆或涂料，对于建筑裸露在外的木构架在进行油灰地仗施工后，还需按不同的等级规定涂刷油皮。同时，在色彩的运用上，四合院的不同建筑也会使用不同颜色。

---

① ［清］张廷玉等撰：《明史》，中华书局，1974年版。
② ［清］昆冈等撰：《钦定大清会典事例》（光绪重修本），古籍善本。

（1）大门油饰

大门是四合院的出入口，不同的宅门形式在色彩上也有相应区别，在古代四合院中等级最高和第二的广亮大门和金柱大门，其主色调以红色为主。依据做法的不同，大门油饰又细分为高级做法与一般做法。

高级做法具体工艺是连檐瓦口施朱红油，椽施红帮绿底油或紫朱帮大绿油，望板施紫朱油，梁枋大木构架常用满作彩画，对于少量局部施彩画的构架，则在彩画余地施紫朱油，并按彩画等级制度贴金。大门雀替施朱红油地仗，按彩画等级制度贴金。门扇、抱框、门框、余塞板均施朱红油或紫朱油，框线及门簪边框贴金，有时余塞板油饰也可见施烟子油的情况，其余油饰不变。

一般做法则多运用于普通官员及平民住宅，具体做法是连檐瓦口施朱红油，椽望施红土烟子油或红土刷胶罩油，梁枋大木构架常作彩画，对于少量局部施彩画或不作彩画的构架，彩画余地施红土烟子油，并按彩画等级制度贴金。大门雀替施朱红油地仗，按彩画等级制度贴金，不作彩画的则雕饰大绿油。门扇、抱框、门框、余塞板均施红土烟子油，框线及门簪边框贴金或不贴金，有时也可见门扇、门框施红土烟子油，余塞板施大绿油或门扇、门框施烟子油，余塞板施红土烟子油的做法。

等级低于金柱大门、高于如意门的蛮子大门，其油饰的主色调仍以红色为主，连檐瓦口施朱红油，梁枋大木构架一般不作彩画或局部作彩画，余地施红土烟子油，油饰也可满作彩画。走马板施红土烟子油或大绿油，门扇、抱框、门框、余塞板均施红土烟子油。

古代一般平民四合院使用的如意门和窄大门，其主色调是黑色。如意门门簪常施朱红色地或大青色地，门簪边框和字贴金。门扇及门框油饰依有无门联又有所区别，有门联的门扇及门框施烟子油，门联施朱红油，文字施黑油或金字，其中更简单的做法也常于门扇及门框施烟子刷胶罩油，门联施朱红刷胶罩油。无门联的门扇及门框施红土烟子油或烟子油，更简单的做法也常用红土刷胶罩油或烟子刷胶罩油。窄大门油饰较为简单，门扇、门框施烟子油或红土烟子油。

图3-111 施朱红油、满作彩画的广亮大门

图3-112 黑漆窄大门

（2）房屋油饰

房屋是四合院内部色彩最主要的组成部分，房屋油饰便成为整座四合院建筑中的重点。北京传统四合院建筑房屋油饰大体为连檐瓦口施朱红油；椽望施红土烟子油或红土刷胶罩油；梁枋大木不作彩画部分施红土烟子油；下架柱框、槛框、榻板等施红土烟子油，采用高级做法的还需在框线处贴金，否则不贴金。房屋各种扇活、门大边、边抹装修施红土烟子油，仔屉装修施三绿油，裙板等做雕饰处，高级做法需贴金，否则不贴金。

（3）垂花门油饰

垂花门是北京传统四合院二门中形式较为复杂的一处建筑，也是油漆彩画的重点。垂花门形式有一殿一卷式、独立柱担梁式、单卷棚式等几种，其油饰也可划分为简单与繁缛两种做法。

简单油饰做法不作彩画，连檐瓦口施朱红油，椽望施红土烟

图3-113 垂花门简单油饰做法

子油或红土刷胶罩油。檩、枋、梁施红土烟子油，花板、垂头等施绿油，倒挂楣子大边施朱红油，棂条花格施大绿油，博风板施朱红油或烟子油。门簪施大绿油，木框施红土烟子油或烟子油。前檐门扇施朱红油或烟子油，后檐的四扇屏门施绿油。

繁缛油饰做法的垂花门在连檐瓦口、椽望、博缝、下架柱框、装修等油饰与简单油饰做法的垂花门一致，只是博风板施紫朱油的高级做法，梅花钉贴金，柱框、装修的框线也使用贴金做法。繁缛油饰与简单油饰的最大不同在于是否绘制彩画。繁缛油

图 3-114　垂花门繁缛做法

饰的垂花门大多数是在梁枋大木油饰上满作彩画，部分不满作彩画而是局部绘制彩画的，则在不施彩画的地方施红土烟子油。

（4）游廊油饰

比较讲究的四合院中，游廊是宅院的重要组成部分，油饰也需遵循特定的规律涂刷，尤其是一些高官或富户四合院中的游廊，常出现采用紫朱油代替红土烟子油的高级做法。比较普遍的游廊油饰做法一般为连檐瓦口施朱红油，椽望施红土烟子油或红土刷胶罩油。梁枋大木作彩画，

图 3-115　游廊绿色油饰

彩画余地或不作彩画的施红土烟子油。廊柱及坐凳施大绿油，倒挂楣子与坐凳楣子大边施朱红油，其余部分施三绿油，有时倒挂楣子其余部分也有绘制苏式彩画的做法。

（5）各式屏门及什锦窗油饰

各式屏门及什锦窗是北京四合院建筑中油饰最为简单的部分，屏

门门扇常施单一的大绿油油饰，什锦窗边框、仔屉、棂条分施烟子油、朱红油和三绿油。

北京四合院油饰主要有三个特点：第一，建筑多数部位使用红土烟子油。所谓红土烟子油，是以红土（即广红土色）为主，掺入少许烟子色（黑色）入光油而成，色彩接近或略重于土红色，属紫色调的暖红色。北京四合院中运用红土烟子油涂刷的木构件包括椽望、梁枋大木、柱子、槛框、榻板、门扇、门框等，是北京四合院中最为基本的油饰色彩。虽然某些高官或富户的宅院也使用紫朱油代替红土烟子油，但并不普遍。同时，北京四合院的建筑环境也决定了红土烟子油的广泛运用。北京四合院建筑多以青砖灰瓦砌筑，属冷色系，选用暖色系的红土烟子油可与院落的冷色调形成鲜明的冷暖对比效果，在色彩上营造出一种亲切与热烈的氛围。第二，普遍采用红土烟子油（或紫朱油）与烟子油相间涂刷的方法。烟子油，即为黑色油，其与红土烟子油（或紫朱油）相间的油饰运用手法被称作"黑红净"。北京四合院中，"黑红净"的运用十分普遍，无论是高官富民的宅院，还是一般官员或居民的宅院，均可看见这种具有浓郁地方特色的油饰运用手法。例如，宅院广亮大门或金柱大门若在门扇与门框施朱红油或紫朱油，则余塞板需施烟子油，反之，若门扇与门框施烟子油，余塞板则施红土烟子油。如意门中带门联的门扇也是如此，门扇施烟子油，门联施朱红油。这些都是"黑红净"在实际油饰做法中的运用，通过这种做法使建筑产生稳重、典雅和朴素的视觉效果，给人以稳重的感觉。第三，为强调明暗对比效果，局部使用高等级油饰色彩。中国古代封建社会等级森严，对于油饰的运用有严格规定，不可越级使用。然而北京四合院中，为达到强调明暗对比的效果，往往也会用到一些高等级的油饰色彩，只不过在使用上有种种限制，最为典型的就是朱红油的运用。朱红油，一般以名贵的"广银朱"入光油而成，色彩鲜艳稳重，常在王府等高等级建筑中广泛使用，在北京四合院建筑中则只运用于连檐瓦口等特殊部位，以其鲜亮的色彩与四合院建筑中广泛运用的稍暗一些的红土烟子油形成鲜明对比，使整座四合院的色彩不致过于呆板。

二、北京四合院的彩画

彩画是北京四合院建筑的主要装饰手段之一。四合院的彩画和彩绘的色彩十分丰富，达到装饰四合院建筑构件的目的。然而，因彩画属于易脱落的装饰物，故北京四合院的彩画多为清代晚期以后的作品，并以苏式彩画为主，形式内容生动活泼。

1. 彩画类型

北京四合院彩画在以苏式彩画为主的前提下，依据不同形式又常见为五个等级，从繁缛的大木满作彩画到简单的仅作油饰，不同的等级施画于院内不同的单体建筑木构架上，以此强调建筑的主次及重点。

（1）大木满作彩画

大木满作彩画是四合院内等级最高的彩画形式，多施画于四合院的宅门或垂花门（二门），其中又以垂花门上运用较为广泛。此类彩画做法是在单体建筑的檩、垫、枋等大木构件上满绘苏式彩画，并于椽栀头、抱头梁、穿插枋、天花、牙子、花板及楣子等部位饰画相匹配的彩画纹样，以求达到与大木彩画的和谐统一。同时，为达到重点装饰的效果，宅院内其他建筑的彩画等级往往要相应地降低。

（2）大木作"掐箍头搭包袱"彩画

大木作"掐箍头搭包袱"彩画是仅次于大木满作彩画的形式，以宅门或垂花门较为多见，在一般中大型宅院中，某些房屋或花园内建筑也有此类彩画形式的运用。此类彩画与大木满作彩画相比，仅在单体建筑的檩、垫、枋等大木构件中部绘制包袱图案，包袱内描绘各种题材的苏式彩画，两端则绘制活箍头、副箍头，箍头与包袱之间的余地涂刷油饰。与大木满作彩画一样，椽栀头、抱头梁、穿插枋、天花、牙子、花板及楣子等部位饰画相匹配的彩画纹样，以求达到与大木彩画的和谐统一。

（3）大木作"掐箍头"彩画

大木作"掐箍头"彩画是北京四合院中运用最为广泛的彩画形式，凡是院内建筑均可见到此类彩画的运用。此类彩画无包袱图案，仅在单体建筑的檩、垫、枋等大木构件两端绘制活箍头、副箍头，其余部位均以油饰代替。同时，椽柁头、抱头梁、穿插枋、天花、牙子、花板及楣子等部位饰画相匹配的彩画纹样，以求达到与"掐箍头"彩画的和谐统一。

（4）椽柁头作彩画或涂彩，余全作油饰

椽柁头施彩是较为简单的彩画形式，仅在椽柁头作彩画或涂彩，其余均为油饰，其中椽柁头涂彩是椽柁头彩画的简化形式，即于椽柁头部位不作任何彩画内容，仅涂刷有别于油饰的颜色。北京四合院中最常见的是椽柁头刷大青色，其余部位则作油饰。若院内建筑为两层椽，则上层飞椽刷大绿色，檐椽及柁头刷大青色，其余部位作油饰。

（5）所有构件不作彩画，仅作油饰

此类彩画是最低级的彩画形式，即四合院建筑中的单体建筑不作任何彩画内容，所有木构件仅作油饰。

2. 彩画的部位及题材

北京四合院彩画的内容丰富，题材多样，根据所饰画部位的不同，内容与题材也有所区别，体现了各自的特点。

（1）大木构架彩画

大木构架彩画以苏式彩画为主，色彩多为青绿色，某些基底色上也作诸如香色、三青、紫色等其他颜色装饰。大木构架彩画依构图形式的不同，大致可划分为包袱苏式彩画、枋心苏式彩画、海墁苏式彩画三种主要形式，此三种形式彩画在北京四合院中均有所表现。

包袱苏式彩画的构图是在大木构架中央绘制"包袱"图案，包袱面积约占整个构件面积的1/2，轮廓线多采用烟云类纹饰描绘。包袱内图案多样，早期以吉祥图案为主，力求表达人们对现实生活的美好祝愿。随着时代的发展变迁，图案转变为以写实绘画为主，与人们生活紧密相连，例如风景山水、历史人物故事、花卉园林等均属于这一时期包袱内彩画的题材范畴。大木构架两端绘制卡子和箍头彩画，其中卡子有软硬卡子之分，绘制于苏式彩画的找头部分，纹样丰富且富于变化。箍头

图 3-116 包袱彩画

彩画则常见回纹或者"寿"字等纹样，两侧辅以连珠带装饰。

枋心苏式彩画的构图与王府等高等级建筑所用旋子彩画构图基本一致，即大木构件中间1/3部分为枋心，两端各有1/3为找头。枋心及找头的图案丰富，除一般包袱彩画中经常采用的风景山水、历史人物故事、花卉园林等，类似博古一类的纹样也有所采用。

图 3-117 枋心苏式彩画

海墁苏式彩画是最为特殊的一类苏式彩画，特点是不画枋心或包袱，而是采用全开放式构图，突破了原来分三停的构图原则，绘画形式丰富，回旋性大，使彩画整体变得灵活、自由。海墁苏式彩画的内容题材与包袱彩画、枋心彩画基本一致，但更为广泛与丰富。

（2）椽栌头彩画

椽栌头彩画常见于中大型的北京四合院中，题材单一，构图简单，而在小型四合院中则通常不作此类彩画，仅采用大青色、大绿色涂刷的油饰。椽头彩画划分为飞椽彩画及檐椽彩画两类，飞椽彩画多采用"卍"字、圆寿字或栀花图样，其中"卍"字图样由于具有工整、醒目、精细的特点，且适合于方形飞椽的构图，故在北京四合院中运用广泛。檐椽彩画则以"寿"字纹样为主，也可见"蝠寿""柿蒂花"等纹样图案。

椽栿头彩画常见纹样包括"博古""花卉""汉瓦"等，其中"博古"纹样要掏格子，构图上以透视的方法绘制，并根据不同的透视效果细分为左视线博古、正视线博古、右视线博古三类，而"博古"中的器物则采用仰视画法，不能用俯视画法。

（3）天花彩画

天花多运用于北京中大型四合院室内或门道内，是室内顶部的装修，具有保暖、防尘、限制室内高度和装饰等作用。宋代天花称为平棊，划分为平暗天花、平棋天花和海墁天花三类，《营造法式》载："其名有三，一曰平机，二曰平撩，三曰平棊，俗谓之平起，其以方椽施素板者，谓之平闇。"[1]明、清时期，天花主要分为井口天花与海墁天花两类。天花彩画题材多样，除龙凤题材及宗教题材不用于四合院外，其余彩画题材在北京四合院中均有所运用，常见的题材有"团鹤""五蝠捧寿""玉兰花卉""牡丹花卉""百花图"等。同时，天花四岔角则以五彩云或耙子草纹修饰。

（4）门簪彩画

北京四合院的门簪彩画一般与门簪的形式相配合，无雕刻的门簪常以油饰涂刷，不作彩画装饰。对于门簪刻字或雕花者，则作相应彩画装饰，如雕刻"寿"字贴金，雕刻四季花卉则涂以相应的色彩。

图 3-118　门簪彩画

（5）雀替及花活彩画

雀替是北京四合院中广亮大门、金柱大门和垂花门上使用的构件，表面常雕刻花纹，并施画相应的色彩。花活则主要指额、枋间的花板以及相关的花牙子、楣子等，这类彩画在垂花门或游廊上常见，色彩以内容或大木彩画做参考施画。此外，垂花门的垂头又依照不同

---

① ［宋］李诫：《营造法式》，商务印书馆，1933年版。

形式作彩画，如垂莲柱头在各瓣的色彩以青、香、绿、紫为序绕垂头排列；而方形垂头则依照各面雕刻内容的不同作相应的彩画装饰。

3. 彩画的寓意

北京四合院彩画除丰富的形式和内容外，所绘内容往往反映了主人对幸福、长寿、喜庆、吉祥等美好生活的向往与追求，与石雕、砖雕等的寓意相通，只是表现形式略有不同。北京四合院中比较常见的寓意以吉祥、如意为主，如代表性题材"五蝠捧寿"纹样，构图上由五只蝙蝠环绕寿字组成，由于蝙蝠的"蝠"字与"福"同音，在中国古代往往象征福气，所以"五蝠捧寿"也就常常被写成"五福捧寿"。《尚书》载："五福，一曰寿，二曰富，三曰康宁，四曰攸好德，五曰考终命。"①此五福之意与"寿"字共同寄予了人们对多福多寿的向往。又如椽栌头彩画中的"卍"字与"寿"字纹样，"卍"通"万"，两者组合在一起合称"万寿"，取长寿之意。此外，北京四合院彩画中的"博古"纹样构图包括花瓶、书籍等。

---

① 《尚书》，远方出版社，2004年版。

第五节 博古文雅——北京四合院的陈设

四合院作为人们日常生活的居所，其装饰不仅体现在房屋构件的装饰上，也体现在四合院室内外的各种陈设布置中，其中又分为室内陈设和室外设施。

一、四合院室内陈设

室内陈设是人们生活中不可缺少的物品，与生活息息相关，历来受到重视。四合院内传统的室内陈设不仅仅满足人们日常生活的需要，还与四合院所体现的文化内涵息息相关。

室内陈设按用途可以划分为满足日常生活使用需求的实用性陈设、满足空间美化和精神需求的装饰性陈设这两类。实用性陈设包括椅凳、床榻、桌案、箱柜等各类陈设；装饰性陈设包括空间分隔类陈设、观赏类陈设等。在传统的四合院室内陈设中，这两种陈设之间既相互独立，又有共通之处。

椅凳类陈设为传统的坐具。包括椅和凳两大类，有机凳、坐墩、交杌、长凳、靠背椅、扶手椅、圈椅、交椅等。机凳是无靠背坐具的统称，有无束腰、有束腰、直腿、弯腿、曲枨、直枨等多种造型。坐墩又称圆杌、绣墩，是一种鼓形坐具，有三足、四足、五足、六足、八足、直枨和四开光、五开光等多种造型。交杌又称马扎，起源于古代的胡床，是一种可折叠、易携带的简易坐具。长凳是供多人使用的凳子，有案形和桌形两种。椅是有靠背的坐具的统称，又可细分为靠背椅、扶手椅、圈椅、交椅。靠背椅只有靠背没有扶手；扶手椅既有靠背又有扶手，常见的有官帽椅和太师椅两种；圈椅又称圆椅、马掌椅；交椅是交杌和圈椅的结合。

传统的床榻类陈设主要用于日常起居休息，既是卧具，也可兼坐具，主要有榻、罗汉床、架子床，以及附属于床榻的脚踏。榻是指只有床身，没有后背、帷子及其他任何装置的坐卧用具。有后背和左右帏子的被称为罗汉床，因后背和帏子的形状与建筑中的罗汉栏板十分相似，故名罗汉床。架子床因床上有顶架而得名，顶架由4根以上的立柱支撑，四周可安装床帏子，是最讲究的传统卧具。脚踏是古代坐卧用具前放置的一种辅助设施，用以上床、就座、放置双腿，在一些非正式场合里也是身份相对较低的人所坐的坐具。

桌案类陈设主要用于工作、休息，并起到承托物体的作用，主要有炕桌、炕几、炕案、香几、酒桌、半桌、方桌、条形桌案、宽长桌案等。炕桌、炕几是在炕上或床上使用的矮型家具，用时放在炕或床的中间；炕案较窄，放在炕两侧使用。香几因承置香炉而得名，以圆形居多。酒桌是一种较小的长方形桌案，桌面边缘多起阳线一道，名曰"拦水线"，因多用于古代酒宴而得名。半桌相当于半张八仙桌的大小，当八仙桌不够使用时，可与之拼接，故又名"接桌"。方桌是应用最为广泛的桌子，根据大小的不同，可以分为"八仙""六仙""四仙"。条形桌案有条几、条桌、条案、架几案，多用于陈列摆放物品。宽长桌案因面积较大便于书画阅读，故多作为画桌、画案、书桌、书案。

箱柜类陈设其功能是储存放置物品，兼有美化环境的作用。箱一般呈长方形，横向放置，多数为向上开盖，少数正面开门。根据功能不同可分为衣箱、药箱、小箱、官皮箱等。柜一般立向放置，体量大小不一，高的可达到3米以上，小的约1.5米，有门的称为柜，无门的称为架，包括格架、亮格柜、圆角柜、方角柜、连橱、闷户橱等。格架又称书格或书架，多放置书籍及其他器物。亮格柜由上部的格架和下部的柜子结合而成。圆角柜是一种带柜帽的柜子，柜帽转角处做成圆形，一般上小下大。方角柜无柜帽，上下等大。

四合院室内空间呈长方形，为了满足室内不同的功能，必须通过空间分隔类陈设对室内空间进行分隔。空间分隔类陈设包括碧纱橱、花罩、博古架、屏风、板壁以及帘帐等。传统四合院的分隔方式主要有封闭式分隔、半开放式分隔、弹性分隔和局部分隔几种。封闭式分隔是使被分隔部分形成独立的空间，保持空间私密性的一种分隔方式。半开放式分隔则是通过屏障、透空的格架，使人能够在区分空间的同时视线有一定的透视，保持空间内的连续性和沟通。弹性分隔是以可活动的隔扇、帘帐等来分隔两个空间。局部分隔则是在一个空间内进行空间划分。碧纱橱是用于室内的隔扇，一般用于进深方向，用于分隔明间、次间、梢间各间。花罩包括几腿罩、落地罩、落地花罩、栏杆罩、床罩、圆光罩等，和碧纱橱一样也多用于进深方向，但与碧纱橱不同，其在有分隔作用的同时兼有沟通作用。博古架又称多宝格，形似亮格柜，兼有空间分隔和储藏功能。既可用于进深柱间的空间分隔，也可贴墙摆设。屏风是屏具的总称，有座屏和围屏两种。

观赏类陈设是摆放或悬挂在室内供人品鉴欣赏的艺术品的总称，包括青铜器、瓷器、玉器、竹木雕刻、漆器、刺绣、字画等。

二、各类房间陈设内容及配置方法

传统四合院的陈设与不同功能的房间息息相关。不同的房间其陈设的内容、形式、格局、特点不尽相同。现以堂屋、居室、书房为例分别介绍。

1. 堂屋陈设

堂屋一般设在正房的明间，是日常生活、会客和举行一些仪式的场所。堂屋的布置既要体现出庄严肃穆，又要保持有一定的文化和生活气息。一般在堂屋的中心是靠墙的翘头案，案前放有八仙桌，桌两侧各配一把扶手椅。翘头案上的陈设因堂屋使用性质的不同而异。摆设物品原则上不超过五件，并采用中心对称分布。其上墙面正中悬挂中堂字画。八仙桌上通常放置果盘或茶具。堂屋两侧往往摆设靠背椅，用于待客，座椅之间摆放半桌。

图3-119　堂屋陈设

2．居室陈设

居室是供人们休息和日常活动的房间。由于四合院往往是一个家族，家族内不同成员分居于各屋。一般正房、厢房、耳房和后罩房均可作为居室。按照礼节，通常情况下长辈居住在朝向和采光比较好的屋内，因此正房由家中长辈居住，晚辈男丁居住于厢房，未出嫁的女子闺房设置在耳房或者后罩房。当然，每个家庭因为住房的大小和主人的喜好差异，情况各有不同。

居室的陈设核心是床榻或炕。炕一般临窗一侧而设，便于采暖和采光，其上放有炕桌、炕柜、炕箱等。床榻一般放置于靠后檐墙位置。在山墙一侧放置连二橱、连三橱或闷户橱。其上放着各种生活用具，如帽镜、胆瓶等，其余物品则根据主人的身份、喜好而定。比如男性屋内一般放置多宝格或书架，女性的闺房则设置梳妆台、绣台等。

3．书房陈设

书房又称书斋，是用来读书写字的房间，有的兼有会客用途，一般设置在次间、梢间或套间，或另在跨院单独设置。中国历代文人都十分重视书房的设置，书房是宅院主人的精神世界。明代戏曲家高濂说："书斋宜明朗，清净，不可太宽敞。明净则可以使心舒畅，神气清爽，太宽敞便会损伤目力。"[1]

书房内的陈设布置虽然多样，但一般以书桌或画案作为布置核心。如书案放置于室内中央，配置圈椅或扶手椅，背后放置多宝格或书橱、书架。桌案两侧陈设小方桌及椅子用于待客。这种布置多为官宦人家使用，书房兼有办公之用。也有将书案设置于临窗的位置，采光好，便于读书写字。其余陈设则随主人喜好和用途而定，或放置花几、桌凳、多宝格、书橱等来搭配。此外，书房内一般都悬挂书法字画，其内容因人而异，往往表明主人的情趣与志向。

---

[1] ［明］高濂著，倪青、陈惠评注：《遵生八笺》，中华书局，2013年版。

三、北京四合院室外陈设和设施

四合院的室外设施多采用石
材，避免因风吹日晒造成损坏，
主要有上马石、泰山石、木影
壁、鱼缸、石桌石墩等。

上马石位于大门前两侧，一
般是成对设置，左右各一个，供
人站在上面上马和下马。在古代
也是显示主人身份的标志物之
一。上马石有的为二层阶梯状，

图3-120　胡同内散落的一层与二层上马石

侧面为L形；有的为单层的长方形或方形石墩。

与上马石配合使用的往往还有拴马桩，一般也是石材质。讲究的
单独使用一块石头做成一个长条形柱子，柱子上做出太极形拴马梁。
一般的则在墙上镶嵌一块方形小石块，在石块上雕刻上太极形拴马
梁，或在石块内安置铁环。

图3-121　拴马铁环

图3-122　拴马桩

泰山石敢当在古代被认为是辟邪之物，一般设置在院落之外围墙
正对街口的墙面上或者房屋转角正对街口处。据说这样可以镇压街口
对宅院的冲犯。之所以取名泰山石敢当，一说是泰山脚下有一位名叫

石敢当的勇士，因惩恶扬善而成仙，人们用它来保佑自己的宅院。一说是石敢当是历史上的一位勇士。据记载泰山石敢当元代已经在北京四合院中使用，明代的《鲁班经》还绘制了图样。北京四合院现存的泰山石敢当，一种就是与《鲁班经》中所绘图样一致的。也有用长方形石块，上部雕刻为半圆形的。当然也有简化为一块小石柱子的。从功能看，石敢当其实就是起到防止车辆碰撞建筑的作用，类似现代防撞墩的设置。因此，长条形和小石柱子形两种石敢当也常常被称作护墙石。

图 3-123　类似《鲁班经》的虎头形石敢当

　　木影壁一般放置于独立柱担梁式垂花门内。这种垂花门仅有门板，而没有屏门，所以为了保持院内的私密性，在门后设置木影壁。

　　鱼缸一般设置于庭院之中。金鱼是我国传统的观赏鱼，寓意"年年有余""富贵有余"，与海棠、玉兰还可组成金玉满堂。四合院中饲养金鱼，既可以陶冶情操，又可调节空气温湿度从而改善庭院环境，

图 3-124　鱼缸

图 3-125　大鱼缸

鱼缸中的水还可以扑灭初起火灾，可谓一举多得。传统鱼缸多为大口的陶泥缸或瓦盆，也有少量使用木材质，称为木海，现代则使用陶瓷的居多。一般需要多个鱼缸，以便倒鱼、分鱼时使用。有些鱼缸里还兼种荷花、睡莲、水草等植物。鱼缸的下面设有木架或砖块，以便于喂养和观赏。

石桌石墩位于庭院和花园中，供人小憩休息之用。石桌由桌盘和桌座两部分组成，桌盘呈圆形，桌座一般做荷叶净瓶造型。石墩造型类似鼓形，鼓身表面雕刻出各种花卉、寿面、吉祥图案。

第六节 字句深意——北京四合院的门联

四合院门联是刻画在门板上的联对，多书于宅院大门上。在北京的旧宅院当中，很多大门上都刻有门板门联。从表面看这是一种居住现象，但是在更深的层面上它属于一种文化现象，它从一个侧面反映了北京的居住文化、北京的文化潮流以及北京人的人生观、政治抱负等。门板门联由于不像对联一样，可以年年更换，所以一般都是宅院主人认为经世致用的格言、名诗佳句等。

一、北京四合院门联的分布特色

1．门联的区域分布特色

北京四合院门板门联以外城住宅为最多，有时候一条胡同中三四处宅院都有，这应该与浓厚的宣南文化和汉族文化有关。在明清两代，外城会馆林立、商贾云集，加之清代的满汉分居政策，致使大批汉族知识分子都集中居住在了外城，很多满腹经纶的知识分子和富商纷纷在此买宅置产，他们的一些思想就直接地体现在了住宅上，并且以实物形式留存至今，门板门联就是其中非常直接地反映主人思想的实例之一，它形象生动地反映了古人的所思所想。门板门联在内城也有分布，但是数量和比例要远远低于外城。

2．门板门联在宅院类型的分布特色

门板门联多用在小型宅院上，大型宅院很少用，目前笔者的调查中，没有见到超大型宅院用门板门联的实例。故此，门板门联在宅门类型上，一般以窄大门、蛮子大门、如意门为多，金柱大门和广亮大门几乎不用。这应该与过去严格的住宅制度有关，气派的大型住宅和官宅多以气势反映主人的地位，而小型住宅则在文化上见长。

二、门联的类型和内容

1．人生信条性联对或人生观的表达

这是门板门联中数量最多的一种。它是宅院主人人生信条的反映，表达了主人对待生活的态度。如以草厂十条32号、温家街5号和兴华胡同13号（陈垣故居）为代表的很多四合院都书刻"忠厚传家久，诗书继世长"。与此联非常接近的还有，南芦草园胡同12号的"忠厚培元气，诗书发异香"，得丰西巷9号的"绵世泽莫如为善，振家声还是读书"，銮庆胡同19号的"厚德家声振，积善世泽绵"。与上面几联类似却稍有不同的，反映宅院主人人生观、处世观和个人修养的，如府学胡同34号的门联，"善为至宝一生用，心作良田百世耕"，中芦草园胡同3号"文章移造化，忠孝作良园"。此外还有銮庆胡同11号的"守身如执玉，积德胜遗金"；粉房琉璃街65号门联"为善最乐，读书便佳"；粉房琉璃街79号，上联"传家有道惟存厚"，下联"处世无奇但率真"；演乐胡同94号的门联，上联"积善有余庆"，下联"行义致多福"；魏家胡同39号"敦行存古风，立德享长年"；安国胡同26号"德厚延寿考，顺道守中庸"。这一类门联也可以称之为修德劝学型。

图3-126　门联

2．祈福纳祥性联对

此类型的门联也是非常常见的一种，它是主人对美好生活的一种期盼或咏颂。如中芦草园胡同23号门联写道："国恩家庆，人寿年

丰。"还有灯市口西街17号的"时和景泰，人寿年丰"，草厂七条9号的"登仁寿域，纳福禄林"①，南芦草园胡同19号"文章华国，道德传家"和南芦草园胡同17号的门联"聿修厥德，长发其祥"。棉花胡同47号门联书"佳第书教永，重门喜气浓"。

3. 名诗佳对

此类型的门联多为朗朗上口或耳熟能详的著名诗句、佳对等。具体如石板房胡同24号的门联："物华天宝日，人杰地灵时。"出自唐代著名诗人，"初唐四杰"王勃的《滕王阁序》中

图3-127 门联

的著名诗句"物华天宝，龙光射牛斗之墟；人杰地灵，徐孺下陈蕃之榻"②，与其同出的还有东利市营胡同11号"物华天宝，人杰地灵"

---

① 此联也可以归为名诗，因为联中"仁寿域"引自［宋］范祖禹的《六州（一曲）》"耕田凿井，戏垂髫华发，跻仁寿域变时雍"和《十二时》"开仁寿域，神孙高拱，昆仑渤澥，玉烛方调"。

② 唐王勃《滕王阁序》"物华天宝，龙光射牛斗之墟；人杰地灵，徐孺下陈蕃之榻"。物的精华就是天的珍宝。龙光，典出《晋书·张华传》。晋惠帝时，张华望见北斗星和牵牛星之间有紫气，问随从雷焕是怎么回事。雷焕说是丰城有宝剑之精上通于天的缘故。于是张华派雷焕为丰城令，寻找宝剑。雷焕到县后，掘狱屋基，得到一个石匣，里面放着两把宝剑，都刻着字，分别为龙泉和太阿，光芒夺目。雷焕送给张华一把，自己佩带一把。后来，张华被杀，剑不知去向。雷焕的那一把落入水中，派人下去找，只看见两条龙倏然而去。墟，住的地方。人中俊杰是由于地的灵气。徐孺，即徐孺子，东汉人，很有才气，家贫，在家种地，不肯做官。陈蕃做豫章太守时，素来不接待贵宾，只有徐孺子来时才招待，并且为他特设了一个坐榻，徐孺子走后，就把它悬挂起来，不许别人用。

一联。清华街1号的门联，上联曰"柏酒椒盘开寿寯（音伟，屋宇开张的样子）"，下联曰"兰英桂蕊长春台"；则是引自南宋诗人范成大《癸巳元旦》"迎地东风劝椒酒，山头今日是春台"。另外，这副门联还道出了古时北京过年时的一种习俗，也表达了对长辈的祝福之情。[①] 而草厂十条128号的门联"鸿治书祥物，骈罗仰德星"也是典出诗词。[②] 此外，还有花市中三条53号的"松柏古人心，芝兰君子性"，寿逾百胡同17号的门联"江山千古秀，花鸟四时春"，东四十四条106号的"云霞呈瑞，梅柳生辉"等等均为佳对。

4．商业性意味的联对

此类联对颇有几分现代广告词的意味，钱市胡同4号"全球互市输琛考，聚宝为堂裕后泉"，钱市胡同2号"增得山川千倍利，茂如松柏四时春"，长巷头条58号"经营昭世界，事业震寰球"，等等。还有在联对中直接说明了所从事行业的，如北大吉巷43号门联曰"杏林春暖人登寿，橘井宗和道有神"，看到"杏林""橘井"这两个词语，我们不难分辨宅院主人是医生。果然，主人是中医世家，此宅既是医院，名"严延医馆"，又是住宅，至今已经是第九代了。西

---

① 柏酒，也称椒柏酒，是一种用柏叶浸制的酒，古俗正月初一晚辈要向长辈进柏酒，一为祝长寿，二为辟邪，是吉祥之酒。汉崔寔《四民·月令·正月》中有："正月之朔，是谓正日，及祀日。进酒降神毕，乃家室尊卑，无小无大，以次列坐先祖之前，子、妇、孙、曾各上椒酒于其长，称觞举寿，欣欣如也。"东汉应劭《汉官仪》载："正旦饮柏叶酒上寿。"明李时珍《本草纲目》记载："柏性后凋而耐久，禀坚韧之质及多寿木，所以可入服食。道家以之点汤常饮，元旦日以浸酒避邪，皆取于此。"椒盘：盛有椒的盘子。古时正月初一用盘进椒，饮酒则取椒置酒中。唐杜甫《杜位宅守岁》诗："守岁阿戎家，椒盘已颂花。"南宋罗愿《尔雅翼·释木三》："后世率以正月一日，以盘进椒，饮酒则撮真酒中，号椒盘焉。"元《新水令·皇都元日》套曲："梅花枝上春光露，椒盘杯里香风度。"清《帝京岁时纪胜·元旦》："味爽合家团拜，献椒盘，斟柏酒，饫蒸糕，呷粉羹。"贯云石和潘荣陛是对北京旧时春节习俗的描绘。

② 骈罗：即比罗列。汉王逸《九思·哀岁》："群行兮上下，骈罗兮列陈。"南朝宋鲍照《河清颂》："景云蔚岳，秀星骈罗。"宋司马光《枢密院开启圣节道场排当散念作语》："肴羞交错，笙磬骈罗。"

打磨厂50号"锦绣多财原善贾，章国集腋便成裘"，由此联推断宅院主人很可能是经营皮毛的商人。苏家坡胡同89号"恒足有道木似水，立市泽长松如海"一联，也道出宅院主人是做木材生意的。这类联对在商业区周边很多，尤以前门外一带为最多，这也说明了前门一带自古的商业氛围。

5．其他

除了以上几种类型外，还有很多门联不好归入一类，或者数量较少不作一类叙述的，就统归入本类了。这一类中虽然庞杂，但却包罗万象，反映出了很多问题。如反映宅院主人政治抱负的门联：东北园北巷9号联曰"物华民主日，人杰共和时"。由联推断该宅院是民国时期的一位追求民主、提倡共和的主人所书。前门西河沿152号门联"笔花飞舞将军第，槐树森荣宰相家"，横批"帝泽如春"，反映了主人谋取功名的心愿。同样反映了主人是朝廷官员的还有：草厂六条12号"恩承北阙，庆洽南陔"[①]。也有谈古论今的门联，草场八条25号"古国文明盛，新民教化多"。体现中国尊老敬老传统的联对，如花市上头条53号的门联曰"慈晖永驻，棣萼联芳"。从这副门联推断此宅是给长辈居住或者表达了对长辈的怀念。此外还有说理、明事性门联。如花市上三条26号联曰"道为经书重，情因礼让通"，东新帘子胡同18号"子孙贤族将大，兄弟睦家之肥"，上面两条都是教育子孙家庭和睦、礼让谦恭的道理，是中国传统文化中"修身、齐家、治国、平天下"中的重要环节也是基础环节。草厂横胡同的"忠厚留有余地步，和平养无限天机"。还有崇膜先贤的

---

① 北阙：古代宫殿北门的门楼，为臣子等候朝见或上书之处。《汉书·高帝纪》："至长安，萧何治未央宫，立东阙、北阙、前殿、武库、太仓。"颜师古注："未央殿虽南向，而上书、奏事、谒见之徒皆诣北阙。"亦用为朝廷的别称。孟浩然《岁暮归南山》诗："北阙休上书，南山归敝庐。"南陔：《诗·小雅》的篇名。六笙诗之一，有目无诗。《南陔》《白华》《华黍》为前三篇，是燕宴之乐，《诗序》谓"有其义而亡其辞"，并谓"《南陔》，孝子相戒以养也；《白华》，孝子之洁白也；《华黍》，时和岁丰宜黍稷也"。恐系望文生义之说。但前两者旧时常被用为称颂"孝子"的典故。

一种门联，如东南园胡同49号上联"历山世泽"，下联曰"妫水家声"①。是追怀上古的贤帝"舜"，并以舜为榜样做个高尚的人。另外，妫水和历山同样指向了同一个地方——山西，另一种可能就是此联表明了宅院主人的身世，是主人对家乡的一种怀念。前门西河沿154号的门联"江夏勋名绵旧德，山荫宗派启新声"和草厂二条26号的门联"宗高惟泰岱，德盛际唐虞"也是追怀古人贤德、表明身世的联对。

　　以上将门联分为五类，但是从另一个角度讲，门板门联在这五类中又是互通的，所有的门板门联都是主人的美好追求和人生观的体现，同时也是一副佳对。为之分类也只是便于分析而已，我们从中所关注的是门板门联中闪烁的文化的光芒。

图3-128　门联1

图3-129　门联2

---

① 典出《史记·五帝本纪》"舜居妫，内行弥谨。……舜耕历山，历山之人皆让畔"。

三、门板门联所反映的居住文化内涵

1．重视品德和教育

在北京四合院的门联中可以看出，出现频率最高的几个字和词就是"忠厚""书""善""义""德""礼""和"等，这些都反映出古代非常重视人的品格、教育、文化，在日常生活中，不论是家庭内部还是对外，都讲求和睦、通情达理，而这些都是我们传统文化中的宝贵元素，可以说它是古人居住文化的深刻反映和体现。

2．对美好生活的追求

四合院门板门联中同样高频率出现的，如对"长寿""家庭和睦""子孙贤能""丰年""吉祥"等美好生活画面、幸福前程的描绘，反映出来的另一个居住文化内涵，就是宅院主人对美好生活的追求和向往，这也是全人类的追求。

3．"家国天下"的人生观

从四合院的部分门联，我们感触到的另一点是宅院主人的爱国情怀，如"国恩家庆""民主日""共和时"等，这些也都是我国传统文化中知识分子应该"心怀天下"和"国家兴亡，匹夫有责"在居住文化中的深刻反映，是古人"家国天下"人生观的体现。

4．借联言志

很多宅院主人借门联表达自己的精神追求和意趣等。如借常青的"松柏"表明刚直不阿的品格，以花中君子的"梅兰竹菊"等喻指清雅的心性，这也是门板门联反映出来的居住文化的一大特色。

同样，门板门联所反映出来的内涵也往往是几种类型的综合体，每一联都是主人志向的言表，也同样是对理想生活的描绘，强为之分类也只是为叙述上的方便和条理的清晰。

另外，北京很多珍贵的门联，由于年久日深或保存不善，已经很

难辨认了或者彻底毁坏了。如东斜街61号门联，东新帘子胡同35号门联，培英胡同29号门联，大菊胡同32号门联，东罗圈胡同1、3号门联，惜水胡同2号（一贯道。张光壁住宅）门联等等，我们不禁为此而惋惜，因此，保护好我们优秀的传统住宅文化也是我们的历史责任。

第四章

因地制宜——北京四合院的建筑特征、构建理念及现代启示

建筑特征的形成一般有两个方面的因素，北京四合院也不例外，它是在北京地区独特的自然环境与人文环境的共同作用下逐渐发展形成的。一方面，自然环境是北京四合院产生的首要条件。作为住宅，它的整体布局、单体建筑形式及植物绿化品种首先是要能够适应北京地区的独特地理环境和气候条件，在此基础上，还适宜人们生活和居住，才能够使得人们生存繁衍的第一要务得到解决，人们最终才会选择这种建筑形式。另一方面，人文环境是四合院的必备条件。北京四合院只有满足了人们的行为和道德规范，符合北京人的审美，才能广泛地被接受而持续地发展。因此，中国传统的儒释道思想必然会在四合院的构建中有所体现，而北京四合院又因历史人文而产生了个性特点，北京独有的一些文化元素也就被融入了四合院的构建中。这样长久下来，就形成了北京四合院的构建理念。与此同时，北京四合院所反映出来的一切特征和构建理念也绝不能说是"北京自己的"，从北京发展的历史来看，北京是一个多民族、多地域文化交融之地，每一个历史时期都会呈现出不同面貌，它是沿着一条主线动态发展的。时至今日，北京四合院的构建理念是中国传统文化的集中反映，甚至也可以说是中外交流的产物。

第一节　北京四合院与北京自然环境的关系

一、北京的地理环境对四合院特征的影响

地理环境中最重要的两条就是水系和山脉。北京位于华北大平原的北端，北部与东北部是燕山山脉，与内蒙古高原接壤。北京的西部是太行山余脉，与山西高原毗连。这两座山脉在北京的西、北、东北三面形成了连绵不断的弧形山脉，东、南两面则是展开的半圆形大山湾。而自西北山区向东南奔流的永定河带来的大量泥沙便不断冲积到了这个大山湾内，从而冲积成了北京小平原。同时，永定河还为北京小平原提供了丰沛的水源。因此，永定河被称作北京的母亲河。另外，北京的西南部、东部还流淌着拒马河、潮白河、温榆河、泃河等四条大水系，也为各自地区提供了充足的水源。

在这种山水环境的影响下，北京形成了西北高、东南低的地势，西南部、中部和东部水源充沛。这样的地理环境也决定了中部、南部和东部的平原地带最适宜建造大规模居住群落。因此城市便在北京中东部逐渐发展起来。

永定河为北京带来便利的同时，也多次地泛滥形成水患，严重威胁着人们的生命和财产安全。另外，开阔的河面阻断了城市的交通，影响了市民的出行及物资运输等需求。因此城市的选址既要远离水患泛滥地，又要具有供给城市的水源。在经过了商周、汉唐与辽金各自选择城市地址后，最终落在了元、明、清北京城的位置。作为城市居住建筑的北京四合院也随着城市的建设逐渐形成和完善，成为北方住宅的代表作。而山区地带则主要是在地势较为平坦的台地地区形成了规模不大的村庄居住群落。

除了大型河流和山脉对北京四合院选址产生根本性影响之外，北京的一些小型河流和湖泊也给四合院的建造带来一定的影响。如北京城内什刹海沿岸和前门外古河道一带的四合院院落多不是正南正北方

向，而是沿着河湖的走势呈现出较大的偏角，与其他地区正南正北的院落布局相比较，表现出了适应地形地貌的特征。此外，由于处于华北主要地震区阴山—燕山地震带的中段，北京地区存在发生中强级别破坏性地震的隐患。北京传统民居四合院建筑采用框架式木结构体系，木构架以榫卯咬合，这种建筑结构，由于不是刚性连接，本身就具有相当的韧性，加之木材本身也有一定的柔韧性，在受到地震波的冲击后，有非常强的还原性，具有良好的抗震效果。因此，北京四合院建筑大多可以保留百年以上的时间。

二、北京的气候环境对北京四合院特征的影响

气候方面，北京常年受西风控制，特别冬季受强大的蒙古高压影响，形成世界同纬度上最冷的地区，为典型大陆性季风气候。在这种气候条件的控制下，北京的气候特征主要是四季分明，即春、夏、秋、冬。北京的春季时间较短，气温回升较快，昼夜温差大，干旱少雨，多风沙。夏季盛行东南风，阳光充沛，天气炎热。北京的降水集中在这个季节，而且多暴雨和雷阵雨，偶尔还会伴有冰雹出现，形成雨热同季。秋季也相对较短，天气多晴朗，冷暖比较适宜。立秋后，北方冷空气开始入侵，气温开始迅速降低，逐渐向冬季过渡。冬季的北京盛行西北风，空气寒冷干燥，降雪较为频繁，偶尔还会有暴雪，但日照相对充足，每天平均日照时间在6小时以上。

如果说地理环境决定了北京四合院选择建造的大区域地址，气候环境则对北京四合院的方位选择、建筑布局、单体建筑形式和绿化品种陈设等产生了重要影响。北京四合院表现出了良好的采光性、避风沙性、排水性和保温防晒性及调节干燥气候等特点。这在当时生产力条件不高的情况下，是非常适宜人类居住的一种房屋形式。

在北京四合院的方位选择上，为了降低春季风沙和冬季冷空气的侵扰，争取更多的光照，平原地区的四合院多数排布在东西向胡同，使得院落和主要建筑物朝南采光，并以高大院墙围合，将内部与外界隔开，用以降低风沙对建筑物的影响。山区的四合院也多数选在光照

充足的山地南坡，也就是阳坡，争取光照，同时让建筑后的山峰阻挡春季风沙和冬季冷空气。

在北京四合院的建筑布局上，为了让建筑物争取更多的光照，四合院的庭院空间较为开阔，中心庭院从平面上看基本为一个正方形，庭院中东、西、南、北四个方向的所有建筑都各自独立，彼此间又拉开一定的距离。这样房屋与房屋之间的距离就比较大，而且房屋之间还会互相避让，不会造成建筑物之间的严重遮蔽。北京四合院的这种建筑做法与其他地区的四合式建筑有所不同。山西、陕西一带的四合式民居，院落呈南北长而东西窄的纵长方形；而比北京更靠近北侧的东北地区，则呈现出比北京更加宽阔的庭院。北京四合院之所以形成方形布局，是非常适合北京气候环境的。这种布局首先非常利于冬季采光，冬天北方日照高度角小，采光的时间缩短，为达到冬季多纳阳光的目的，房屋之间必须有足够的空间。良好的采光所带来的温暖也就能有效地帮助人们度过北京寒冷的冬季。北京四合院的方形布局还利于通风，北京夏天闷热，房间各自独立，可以最大限度达到气流通畅、通风良好的效果。

图 4-1　宽敞的北京四合院庭院

从单体建筑形式上来看，四合院的建筑造型与适应自然息息相关。北京四合院的房屋体量一般都不是很高大，这是为了利于房屋保暖。另外，为了防御北京寒冷的冬季和炎热的夏季，四合院房屋的屋面苫背、山墙等维护体系都比较厚重。屋顶一般由木椽（上铺席箔或苇箔）、望板、泥背、灰背、瓦等几层铺成，墙体则厚达37～60厘米。这种屋顶和墙体冬天可以保温，夏季可以防晒，起到冬暖夏凉的作用。同时，厚重的屋顶苫背可以防止夏天大雨的浸透。

为了保持建筑良好的通风和采光，四合院的院门、正房的门窗都开在南侧。这样夏天盛行的东南风，顺门而入，迎风纳凉，降低建筑温度。四合院为了躲避春天的风沙、冬季的寒冷北风，房屋多数不开启后窗，增加房屋的保暖功能和抗风沙侵袭的能力。

四合院的屋面坡度也与北京的气候环境相关，其屋面相较于干旱少雨地区更陡峻，以利于排泄雨雪。北京四合院的房屋出檐都比较深远，较为深远的檐子一是能够防止夏天的阳光暴晒屋身和门窗，使日光几乎晒不进室内，保持室内阴凉。二是能够将雨雪排泄到庭院的更远处，防止损坏建筑物。至于寒冷的冬季，由于太阳高度角较小，日光斜射角度小，其出檐的深度不会遮挡住阳光，阳光照射进屋内，满足了冬季取暖的要求。同时四合院房屋的前檐门窗尺度都比较大，而且窗户洞口距离上檐更近，这样宽大的门窗有利于冬季采光。甚至为了扩大门窗洞口，四合院还经常在门窗上开辟出一扇或若干扇不活动的窗，并将之形象地称呼为亮子窗，增加阳光照射进房屋的意思溢于言表。

为了避免北京夏季强降雨的天气造成庭院积水产生的灾害，四合院的屋顶、地基、散水、排水管道等都进行了精心的设计，有效地防止了这一灾害。四合院的地基则将整个院落抬升，高于外部地面，而院中房屋的地基又高于院子地面，这样在雨季到来时，雨水从屋顶房檐流到屋外的地面散水处，然后引流到排水管道，将雨水顺畅排走。房屋内不会进水，院内也不会积水，便于居住使用。

同时，北京四合院还会在庭院内种植落叶小乔木，更增加了夏天的阴凉，而冬天落叶也不会影响采光。为了进一步调节干燥气候，四合院中还常常摆放盛满水的大鱼缸。在四合院的材质上，其主体为青砖砌筑，有的墙心还会填黄土。这种建筑材质已经被证明具有良好的保温、隔热功能，且吸热后具有缓释功能，能保持室内温度相对均衡。青砖还具有良好的防水功能。

三、北京四合院的地域分布特征

1. 内城和外城的建筑特征

北京城自明代嘉靖三十二年（1553年）起建造外城，明、清两代都延续了这种格局。北京的内城范围南端是崇文门、正阳门和宣武门一线，东端、西端和北端就是目前的二环一线。内城区域大部分延续了元大都的规划布局，城市里坊街巷整齐划一，街巷胡同的尺度也基本延续了元代。在这种尺度下建造的院落也因此较为宽阔。更为重要的是，明代以来达官显贵多居内城，宅院沿袭使用，也形成了内城宅院的建筑特色。总体来看，内城四合院有如下几个特征：一是整体占地广大。内城三进及以上的院落，甚至是多路多进都比较常见，而外城三进院落都很少，多路多进的更是凤毛麟角。即使同为三进的院落，外城的占地面积也要小很多。二是建筑布局疏朗、开阔。内城的院落内各个建筑之间要有闪避，一般情况下厢房要退让开正房，不能压着正房的前檐，厢房的山墙退让到耳房位置，以保证正房的采光和视野，也就是俗话说的"厢不压正"。三是内城房屋多为正南正北布局，只有少数临河道宅院有所改变，但仍然力求正南正北布局。四是内城的单体建筑体量总体比外城高大，做工质量更高、更讲究。如内城正房一间房屋的面阔在4米以上，而外城则在3～4米，内城面阔比外城宽1～2米。内城的宅门普遍使用一间的宽度，而外城则大多使用半间。因此，外城的窄大门非常普遍。

第一方面，北京外城在自然形成的居住区上建造，因此缺少统一的建筑规划。虽然几条主要大街也是平直走向，但因自然形成、河网密布造成大部分区域的院落不能正南正北布局，呈现出一定的偏角。第二方面，由于清代以来的满汉分居政策，外城人口激增。

因此，住宅面积非常紧张，除了造成院落面积狭小外，布局上大多数都是"厢压正"，也就是厢房的山墙遮挡了正房的两次间。这样，外城的院落空间呈现出长条形，十分狭窄，而不像内城基本为正方形（如图4-4）。第三方面，由于外城商业发达，因此出现了很多商业建筑与住宅建筑结合的院落，即所谓的前店后宅院落。其一般做法是前面开为铺面，后面则是住宅。与此同时，因为商业的原因，外城楼房建筑较多。第四方面，由于外城人员聚集了南来北往的各地各族人民，因此建筑的风格更加多样，如南方的马头山墙等在外城就比较多见。另外，也是因为商业的原因，外城也是最早和最快接受西洋建筑形式的地区。这就造成了外城建筑风格多样的特色。第五个方面，外城的建筑为了满足礼制和功能的双重需要出现了很多变通的方式，如正房为了取得内城那种"三正两耳"的格局，且不减少居住面积，会将正房直接建造为五间，但在屋脊上将两侧各一间的屋脊与中间三间分开，从而在外观上区分开正房与耳房，取

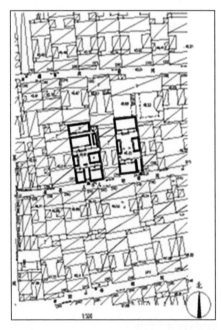

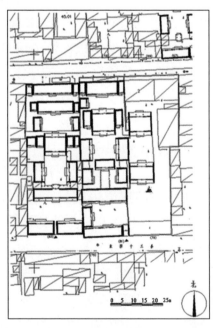

图4-2 外城狭小的庭院与内城宽敞的庭院相比较

图4-3 内城宽敞的庭院与外城狭小庭院相比较

得三正两耳的效果。再如，外城房屋往往有"四破五"现象。也就是房屋基地只有四间的宽度，而为了取得五间的阳数，用隔墙分隔为五间。上文所述的窄大门也往往不再用独立的木构架和山墙，而是与倒座房为一个整体，并用倒座房的隔墙与门道分开。内城大门则独立建造木构架和山墙。

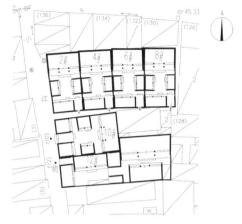

图4-4 外城厢房压正房院落平面图

2. 城区与郊区的建筑特征

北京四合院除了内城和外城具有不同的特征外，城区与郊区也表现出了不同的特征。

首先是总体格局上，城区四合院在建筑布局上相对疏朗，而郊区四合院较为狭小、紧凑。尤其是北京西部和北部山区地带的院落，由于平整地带较少，占地相对紧凑。另外的一个布局特征就是山区有很多不规整的四合院，院落随形就势，建筑随宜布置。

其次是总体的建筑材质有所不同。郊区的四合院往往就地取材，墙体材料有土坯墙、土坯和混合的墙体（俗称里生外熟，里面用土坯，外面用砖或者墙心用土坯，四周用砖）、毛石墙体（俗称干打垒）；建筑的屋面在山区地带大量使用石片作为屋

图4-5 密云区某乡村宅院毛石墙体

面瓦，四周围用瓦收拢，俗称棋盘心；建筑的梁架很多采用随形材，也就是采用天然的木材形状，而不像城里要取直和加工为规则的长方形。

再次，北京郊区的四合院装修上相对更加古朴。郊区四合院的门窗棂条花格很多还采用直棂窗心、十字方格窗心等图案古朴简单的形式，而城内则多使用步步锦棂心、灯笼锦棂心等十分复杂的图案。再如城内的清水脊两侧常用的花草砖砖雕在郊区则多数不使用。

最后，郊区的东西南北各个方向又各自表现出了地域上的不同。通州区地处平原，运河运输和贸易是其最主要的经济方式，因此通州区的四合院表现出了商业的面貌，即前店后宅比较多，而且通州的四合院往往在院落后部开辟有后门，这是城里和其他区少见的。西部门头沟、房山和石景山等通往西北、西南地区的交通要道和矿产区域的四合院表现出了与山西、陕西地区院落较为雷同的风格，即院落狭长，建筑紧凑，房屋材料就地取材。北部长城地区的住宅由于很多村落都是由过去的屯兵城堡而来，因此表现出了不成四合院的格局，而是按兵营排房排列的现象。其中延庆区的四合院和其他住宅则大量使用了筒瓦，这是城里和其他区都没有的。海淀区的平原部分和山区部分也表现出了不同，山区部分更接近郊区建筑特色，平原部分则从布局、单体建筑到装修与内城的宅院别无二致。

第二节　北京四合院构建理念

四合院是根植于中华文明的土壤中发展起来的一种建筑形式，那么它在适应了自然条件的前提下，必然要受到中国传统思想的深刻影响。因此，北京四合院的建筑不仅仅是建筑实体的存在，在它身上还具有丰富的文化内涵。这些内涵在四合院的建筑布局、建筑形式和装饰风格中都有体现，传递着很多民族的传统文化，深刻地透视出北京四合院建筑文化的背景。

一、北京四合院构建中的儒家思想文化理念

儒家思想宣扬尊卑等级和"仁义礼智信"，包括孝、弟（悌）、忠、恕、礼、知、勇、恭、宽、信、敏、惠等内容。其中"孝悌"是"仁"的基础。坚持"亲亲""尊尊"的立法原则，维护"礼治"，提倡"德治"，重视"人治"。儒家思想被封建统治者长期奉为正统思想，是中国影响最深、最广的流派，也是中国古代的主流意识。在这种文化背景下发展形成的四合院受到了其深刻影响。

四合院的建筑布局充分表达了儒家的宗法制度、等级制度、伦理教化等多方面的理论。

在封建社会中，同一家族往往将宅院建造在同一区域，采取多组院落并联的方式。在四合院内各建筑功能划分上，具体表现为安排住房一定要按照中为上、侧为下的排列次序，即以正屋为尊，两厢次之，倒座为宾，杂屋为附的位置序列安排家族内不同人员和外来人员。内院位置优越的正房，由长辈使用，中间客厅是家人聚会的场所，长子住东厢房，次子住西厢房，男佣住外院的倒座房，未出阁的女眷住后院，较大的四合院建有后罩房，主要供女眷或者女佣居住。日常生活中，女眷无故不出内院，外人无故不入内宅，即所谓的"大门不出，二门不迈"。正如南宋的陈元靓在《事林广记》中所称："凡为宫室（住宅），必辨内外，深宫固门。内外不共井，不共浴室，

不共厕。男治外事、女治内事。男子昼无故不处私室，妇女无故不窥中门，有故出中门必拥蔽其面。"[①]

等级制度在四合院单体建筑上有较为明显的体现，如四合院的体量、建筑形制在古代都有着严格的规定，甚至对于住宅的称谓都有规定。例如"府"是对亲王、郡王、公主、贝勒、贝子、镇国公和辅国公及以上级别住宅的称呼。此级别以下的所有官吏和平民，住宅只能称为"第"或"宅"。再如大门的形式、房屋的台基高度和间数，房屋的屋面用瓦和颜色，房屋的装饰颜色都有不同。清顺治九年（1652年）时规定："公侯以下官民房屋，台阶高一尺。梁栋许绘画五彩杂花。柱用素油，门用黑饰。官员住屋，中梁贴金。二品以上官，正房得立望兽，余不得擅用。"顺治十八年（1661年）又规定："公侯以下三品官以上房屋，台阶高二尺，四品以下至士民房屋，台阶高一尺。"[②]四合院建筑的建造要绝对遵守相关的规定，上至皇亲国戚，下至官员和平民百姓都不可僭越，否则会遭到严厉的惩罚。如清代的郑亲王济尔哈朗就曾经因为王府逾制被降爵位和罚俸。皇亲国戚尚且如此，何况一般百姓。

儒家思想著作《周礼》是北京四合院的尺度依据。元大都如棋盘状道路网街巷布局，以及在其基础上发展起来的明清北京城街巷布局，是北京四合院方整格局和建造方位的基础。而这种布局是按照《周礼》的思想建造的。元至元四年（1267年），忽必烈命刘秉忠等人在今北京营筑新的都城宫室。刘秉忠等选择金中都城东北部区域——太液池琼华岛的周围，作为新都城址，筹划修筑30平方公里的新城，至元五年（1268年）宫城竣工。至元八年（1271年），元世祖忽必烈正式建国号为"元"。至元十三年（1276年）元大都城全部建成。元大都城为今天北京城的总体布局和建设规模奠定了基础。元大都城的建置是以《周礼·考工记》的规制为基础，继承并深化发展起来的。据

① ［宋］陈元靓：《事林广记》，江苏人民出版社，2011年版。
② ［清］昆冈、李鸿章等修：《大清会典事例》（光绪朝），卷八百六十九，第宅。

《周礼·考工记》记载，国都的形制为："匠人营国，方九里，旁三门。国中九经九纬，经涂九轨，左祖右社，前朝后市。"元大都的总体布局是皇城位于内城中心，内城围绕皇城而建。民居区域以坊为单位，按街道进行区划，各坊之间以街道为界，似棋盘式布局建置。据《析津志》记载："大都街制，自南以至于北，谓之经，自东向西，谓之纬。大街二十四步阔，小街十二步阔。三百八十四火巷，二十九衖通。"

二、北京四合院营建的道家、风水学说和民俗宗教观念

道家的"道法自然"与"天人合一"思想较为深刻地影响了北京四合院的营建。老子认为"人法地，地法天，天法道，道法自然"。这种思想深刻影响了北京四合院从建筑的布局，建筑单体的形式、色彩到植物绿化各个方面，它们无不是遵循自然规律的结果。

风水学，亦称堪舆学，是中国古代产生的一种生活环境的设计理论。所谓风水，就是察风辨水，需找风清水美的环境；所谓堪舆，"堪"就是观天，"舆"就是察地。具体的也就是从建筑的选址、规划、设计到营建，要周密地考察天文、地理、气象、水源等因素，从而营造良好的居住环境。这一学说的运用，早在先秦就有记载。春秋时，《尚书》说："成王在丰，欲宅邑，使召公先相宅。"至汉代，司马迁的《史记》中也有"孝武帝时聚会占家问之，某日可取乎？……星象家曰可，堪舆家曰不可"的记载。在长期的历史发展中，形成了庞杂的理论体系，其中既有科学成分，也有迷信色彩。在现今的运用中，应辩证看待，全面分析，取其精华，去其糟粕。

封建时代，北京四合院建造时的定位、定时到确定每幢建筑的具体尺度、用料、装饰色彩以及摆设物品、种植树木等会涉及风水术。如北京四合院的"坎宅巽门""东方苍龙、西方白虎（东水、西路）"的布局，施工中的大木匠使用压白尺法和门光尺确定房屋的高度、宽度和门窗的尺寸方法都是受到了风水的影响。当然这种方法一是有规范建筑和施工尺度的作用，二是在一定程度上也属于心理暗示，满足

了人们精神上和心理上的需求。

由于北京是多民族聚居的地区，因此除了以上的理念之外，各民族的风俗习惯、宗教信仰、喜好禁忌也必然影响到四合院的建设。例如，在四合院建筑的装修、雕饰、彩绘和绿化上处处体现着民俗民风，四合院中的木雕多以寓意喜庆吉祥的花卉、动物和器物作为题材，四合院中喜欢种植寓意富贵的海棠，寓意多子多孙的石榴，四合院的雕刻上会有道教八仙、佛教的八宝等图案，而回族的四合院往往会有本民族的装饰图案，等等。这些其实都是居住在四合院中的人们对幸福、富裕、吉祥等美好生活的积极追求。

总之，北京四合院不论融汇了哪些营建理念，最根本强调的是"天人合一"的理念，即人既要顺应自然的发展与自然和谐相处，又要符合伦理规范的要求，力求营造一个适合人类安适生存的氛围，子子孙孙，繁衍发展。

第三节　北京四合院的现代启示

社会发展至今日，北京四合院虽然已经不再作为北京都市的主要居住形式，而更多地作为了一种文化现象，但这似乎丝毫没有动摇其在北京的地位。根据一个有趣的统计，近年来北京官方发布的三部城市文化宣传片中，四合院这一建筑形象出现的次数占据首位，超过了故宫和天坛。这说明北京四合院建筑作为北京城居住类建筑越来越得到广泛的认可，人们对其价值的认识也逐渐达成共识。

就其建筑本身而言，四合院是古代社会各阶层、各类人群的普遍居住形式，是北京住宅建筑的符号，是北京古老历史和文化的象征，构成了北京城的主体形象。即使是在建筑多样化的今天，我们仍能从北京四合院中汲取大量养分，充实和扩展现代建筑。

一、北京四合院的绿色自然观念与现代借鉴

北京四合院在数百年的发展过程中，逐渐形成了绿色自然的观念。在布局上注意建筑间距满足采光，在建筑单体上以适应自然和地理环境的色彩为基础色，以适应气候条件的造型为基本建筑形制。绿化方面更是选择了适宜本地气候，经过数百年考验的品种。而反观现代，很多院落由于不再遵循庭院绿化的规律，出现了大量在院内种植松柏树、杨树、槐树等高大乔木和常绿高大树种的现象。我们在调查四合院的过程中发现，常绿高大树种造成院内常年树荫遮蔽，尤其是冬季遮挡了大量院内的阳光，使屋内变得潮湿阴冷。而高大乔木的根系也对院落的地面和建筑的基础造成了很大伤害。高大乔木的树冠还经常因为雷击或多年老化断裂掉落下来，毁坏房屋屋面。

传统四合院内的十字甬路铺装也是十分合理的。一般情况下四合院的庭院内不是全面硬化，而是在庭院中央铺设通往东西南北房屋的十字形甬路。十字甬路将院落分割为四个方块，方块内不铺水泥或砖石，保持土壤状态。靠近正房的两块区域一般种植矮小乔木，剩余两

块区域一般各自放置一个大鱼缸，鱼缸内饲养金鱼，有的还种植莲花等水生植物。这四块天然土壤区域真是一举多得的风水宝地。一方面院内便有了天然渗井，遇到雨雪天气，土壤部分可以承担一部分下渗的功能，在保护了整个城内雨水均匀下渗的情况下，还缓解了城市下水道的压力，不会造成城市内涝。同时雨水也浇灌了花木，保持了水土平衡。另外，树木花卉能够调节庭院小气候，还能够增加院内的生机与活力。而大鱼缸不但能够增加空气湿度，鱼缸内的水遇到小的、初起的火灾还可以充作"灭火器"。至于孩童们嬉戏玩耍时候挖泥巴、挖蚯蚓用作鱼饵钓鱼、地面墙角的小草小花等更是一种天然乐趣。老舍先生在《四世同堂》小说里面也提到了一个很有趣的事：当乡下的佃户宋二爷背了半袋小米送给祁老爷子的时候，祁老爷子便在自家的石榴树上摘下了两个大石榴让宋二爷带回家分给孩子们。[1]那就是北京四合院内也能够收获一些果实。

二、北京四合院的节能环保方法与现代借鉴

四合院非常注重节约。无论是大型四合院还是小型四合院，墙体都普遍使用"碎砖头填心"做法，老北京俗称核桃砖。这是因为，中国古建筑采用的是木梁架承重体系，墙体不承担屋面荷载而是主要起到围护和分隔空间的作用。但是，在古代没有空调系统的情况下，为了使得建筑物保温效果良好，冬天墙壁能够隔绝室外寒流，夏天遮挡室外的热潮，使屋内产生冬暖夏凉的环境，也需要较为厚重的墙体。厚重的墙体就需要大量的砖砌筑，而北京四合院为了节约，墙体的外观用整砖砌筑，保证美观，中间部位使用旧房子拆下来的碎砖头填充。这样，墙体外观既整齐美观，内部的碎砖头还起到了加厚墙体的作用。碎砖头得到了废物利用的同时，旧房子的碎砖头还不用耗费人力物力搬运出建筑基址。这种做法既节约建筑材料，省却人力物力，又环保，可谓一举三得。

---

① 老舍：《四世同堂》，人民文学出版社，2016年版。

北京乡村还有一种非常实用的墙体节能环保做法，即"里生外熟"墙体。所谓里生外熟墙体，是一种混合砌筑的方法。墙体的内侧或者墙心部位使用土坯砌筑，墙体的外侧或四周使用砖砌筑。这种做法有两种好处，一是节约，不但节省了大量砖的使用，而且从经济的方面考虑也是物美价廉，而且由于砖位于土坯外侧和周围，土坯不防水的缺陷也得到了解决。二是绿色高效。土坯是直接使用土加工成砖的形制，而不经过入窑烧制。取材和加工容易的同时，土坯对于温度而言还是缓释建筑材料，不会快速冷热，而是渐进地冷热。这样对于室内的温度而言，夏天的时候是慢慢地热起来，冬天的时候是缓缓地冷下去。而不像现代的水泥建筑材料，快速地冷和热。这对于人而言，身体也能逐渐适应环境，十分有利于健康。

三、北京四合院建筑文化的营造与现代借鉴

如前文所述，北京四合院建筑从布局上到细节构件上处处有讲究，一花一木也都蕴含了我国传统历史与文化，都体现了我国古人的人生哲理。所谓有图必有意，有意必吉祥。它从建筑的方方面面都在潜移默化地给居住者以美的感受和道德的熏陶，给人以智慧的启迪，给后代以家风家训的传承。它本着传世的理念而建造。这种做法也是我国古建筑的一大特色，那就是将实用性的建筑构件的外形进行艺术化处理后，同时赋予一定的文化内涵，使得建筑构件在具有实用性的前提下还兼具艺术美感，并富于文化内涵上的感染力。可谓将实用性、艺术欣赏和德化教育三者紧密地融为了一体。人们在自己居住的环境中，无论是看到建筑物、雕刻图案、植物绿化都能得到艺术与德行的感染，真正做到了潜移默化、耳濡目染。这一点是非常值得现代建筑学习和借鉴的。

第五章

北京著名四合院探寻

读完以上关于四合院的理论，我们再来看看北京现存的二十座著名的四合院。这些四合院既包含第一个以四合院的身份被公布为全国重点文物保护单位的崇礼住宅，也有深藏在大杂院内，历经磨难但依然风采昂扬的驸马府。总之，我们希望通过这二十座最具典型性和代表性的四合院，让大家进一步地了解北京四合院的过去与现在。

第一节　北京现存的十大著名宅院

本节通过介绍北京十座著名大型宅院的历史、人物、事件和每一座的建筑格局、单体建筑形式以及建筑特色，使人们更加深刻了解和体会当年豪门巨富们居住的四合院建筑，及其背后的广阔文化内涵。

一、北京的两座"国保"级四合院

1．北京一号"国保"级四合院——崇礼住宅

崇礼住宅位于东城区东四六条63、65号，是清代后期大学士崇礼建造的宅第。1988年就被国务院公布为第三批全国重点文物保护单位，是北京第一座"国保"级四合院，也是北京现存较为完好的大型四合院建筑的代表。

清同治年间，崇礼出任粤海关监督。他利用职务之便，大肆搜刮，敛财无数。清末官场黑暗，虽然其人贪腐无为，但因为讨了慈禧太后器重，崇礼不但没有被罢免，反而官运亨通。到光绪年间，历任理藩院尚书、热河都统、刑部尚书兼步军统领等职务，光绪二十九年（1903年）授东阁大学士转文渊阁大学士。此宅就是在光绪年间其回京后建造，但是建成不久，就在八国联军入侵北京时（1900年）被联军占据。《辛丑条约》签订后，才得以收回。民国时期，此宅几经易手。1935年，二十九军军长宋哲元部下师长刘汝明买下这所宅院后曾进行了重新修葺。抗日战争时期，为伪新民会会长张燕卿所购。抗日战争胜利后，作为逆产被收归国有。至中华人民共和国成立后，此宅被作为单位宿舍一直使用至今。

这座大型宅第坐北朝南，分东、中、西三路，其建筑为住宅与花园相结合的形式。这座宅院在清末高等级官员住宅中也属于规模大和建造质量优的。东路及中路花园原为崇礼居所，西路先后为崇礼弟兄和崇礼之侄存恒所居，属于典型家族住宅。

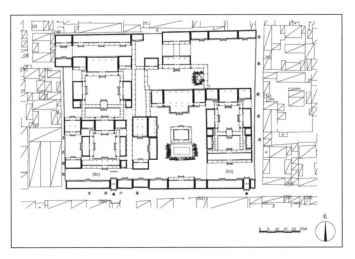

图 5-1　崇礼住宅总平面图

　　东路（今63号院）四进院落，大门位于院落东南隅，广亮大门一间，大门东侧门房一间，西侧倒座房八间。第一进院有过厅九间，前后出廊。二进院内东、西厢房各三间。二进院北侧有一殿一卷式垂花门一座，垂花门两侧连接看面墙和抄手游廊，游廊连通二进院和三进院。三进院正房三间，两侧耳房各两间，东、西厢房各三间，房屋间以抄手游廊连接。四进院现存后罩房三座共十一间，中间五间，两侧各三间。

图 5-2　崇礼住宅东路
广亮大门

图 5-3　崇礼住宅东路一进院过厅

图5-4 崇礼住宅东路三进院正房门扇裙板

图5-5 崇礼住宅东路三进院东厢房

　　中路为花园，一进院前半部有方形水池和敞厅一座。敞厅为歇山卷棚顶合瓦屋面。敞厅北侧为五间大戏台，明次间前出悬山卷棚顶合瓦屋面抱厦。戏台两侧耳房各两间。院落西侧有西房三间，歇山卷棚顶合瓦屋面。院落南侧倒座房三座，中间一座五间，东侧一座两间，西侧一座三间。二进院内有正房五间，正房西侧有北房二间，院落东侧是一座叠石假山，山上建六柱筒瓦圆攒尖顶凉亭一座。三进院内为五间正房，曾作为祠堂使用。

图5-6 崇礼住宅中路戏台

　　西路（今65号院）为四进院落。大门位于院落东南隅，广亮大门形式，大门西侧倒座房三间，西侧七间。门内一字影壁一座。一进院

图5-7　崇礼住宅三进院正房　　　　　　　　图5-8　崇礼住宅折扇形什锦窗

内过厅原为五间，现改为九间。过厅东侧耳房一间。二进院正房三间，正房两侧耳房各两间，东、西厢房各三间，院内房屋由抄手廊相连接，二进院东西两侧各有跨院一座。东跨院内北房三间，两卷勾连搭式，前后廊，过垄脊合瓦屋面，室内的硬木花罩上刻有清代书法家邓石如题写的苏东坡诗词，南房三间。东厢房三间。西跨院内北房三间，两卷勾连搭形式，南房三间。三进院南侧有一殿一卷式垂花门一座，垂花门两侧连接看面墙和抄手游廊，游廊上有形状各异的什锦窗，十分美丽。院内正房五间，正房两侧耳房各两间。东、西厢房

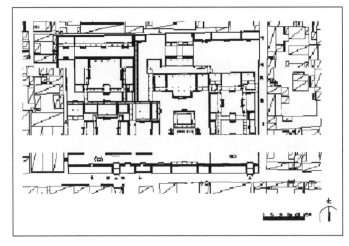

图5-9　崇礼住宅平面图

各三间，厢房南侧厢耳房各一间，垂花门与各房屋之间都有抄手廊连接。四进院落为后罩房十一间。四进院西侧有一座跨院，院内北房三间。

2．北京二号"国保"级四合院——可园

可园位于东城区帽儿胡同7、9、11、13号，2001年被国务院公布为第五批全国重点文物保护单位，是北京第二座公布为"国保"的四合院。如果说崇礼住宅以宅院宽广著称于世，可园则是以其宅园景观闻名遐迩。

可园的建造时间早于崇礼住宅，清咸丰十一年（1861年）建造，是大学士文煜的宅第和花园。文煜（？—1884年）为清满洲正蓝旗人，费莫氏，字星岩，建造此处宅园时文煜任直隶总督。光绪七年（1881年）授协办大学士，光绪十年（1884年）拜武英殿大学士，同年文煜去世，追赐太子少保，谥"文达"。民国时期，此宅园被其后人出售给冯国璋。抗日战争期间，此宅曾被日伪军司令张兰峰占据。中华人民共和国成立后，此宅曾被几家单位分割占用，9、11号院曾作为朝鲜驻华使馆使用。目前，此宅园作为居民和首长住宅使用。

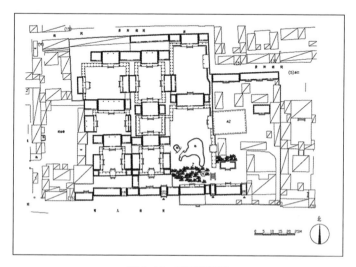

图 5-10　可园平面图

可园位于帽儿胡同7、9、11、13号，平面呈不规则的矩形，东西宽约70米，南北长约90米，是一座四合院住宅和私家园林相结合的宅园。可园由并联的五组院落组成，布局上可以分为中路、东路和西路，东路和中路以园林为主，西路以住宅建筑为主，各建筑群体之间既独立又相互联系。

东路（7号）分为东院和西院。东院以住宅为主，原为五进院落，现在仅存一座三间的正房和一座五间的后罩房。西院以园林景色为主，临街有大门一间和倒座房四间，院内正中保存有北房五间，院落西侧有廊子和假山与9号的游廊和假山连接，假山上建有一座三开间的歇山敞轩，假山北面原来是一座两卷前后共十间的歇山顶大厅，后来被冯国璋家拆除，新建一座二层洋楼。

中路（9号院）是可园的花园部分，南北长约97米，东西宽约27米，面积不到四亩（约2667平方米）。园分为前后两院，前院中心为水池，后院中心为假山，两院通过院落东部的长廊沟通。前院临街有广亮大门一间，位于院落东南隅，门西侧有倒座房五间。门内过东侧通道是一座翠竹掩映的假山，山起到了障景作用，山上建有六角攒尖顶亭子一座，灰筒瓦屋面。山南有一条曲折的小径，尽头向北折有一山洞，洞额书"通幽"二字。过山洞，有两条卵石小径，一条通向北房，另一条通向院落东侧的游廊。院落中部为一方平面呈曲折形状的小水池，池的右侧有一座单拱小石桥。水池引出两条水流，一条穿过石桥到西院墙而止，另一条穿过南侧的假山到达六角亭下。院落北侧正中为前院正厅，面阔五间，硬山顶，带有耳房和游廊。东侧游廊为爬山游廊形式，贯通前后院，前院游廊的中部点缀有四角攒尖亭一座。院落西侧中部建有一座小厅。自前院正厅东侧穿过长廊，沿一条绿竹掩映的斜径，可到达后院，院内山石与松竹相间。后院的最北侧建有正房五间，前出三间歇山顶抱厦。正房两侧带耳房和游廊，后院东部的爬山廊子上建造有一座三间的敞轩，是全园的制高点。该轩建筑精巧，临山面石，前面有一棵大槐树。轩下用山石砌有浅壑，有雨水则为池，无雨水则为壑，为北方宅园的独特处理手法。院落西侧相对应于敞轩也建有一座三间的小轩馆。

可园建筑墙面以砖墙为主，抹刷白粉，厅榭均为红色圆柱，长廊为绿柱，梁枋上均为箍头包袱彩画，建筑檐下的倒挂楣子均为木雕，雕琢细致，且各不相同，题材有松、竹、梅、兰、荷花、葫芦等。全园布局疏朗、景致清秀，加之蜿蜒曲折的池塘以及青绿的翠竹和满山葱郁的树木，更使得园林生趣盎然。

西路（11号和13号院）为两组五进的院落。东院（11号）一进院的东南隅有广亮大门一间，门内砖砌一字影壁一座。大门西侧有倒座房四间，东侧门房两间。二进院前一殿一卷垂花门一座，院内正厅三间，两侧耳房各两间，东、西厢房各三间，厢房南侧各带厢耳房一间。东厢房后檐开一门通向9号花园。三进院内正房三间，正房两侧耳房各一间，东、西厢房各三间，房屋之间有游廊连通。四进院也是由正房三间、耳房各两间和东、西厢房各三间以及游廊组成，但院落进深方向尺度较大，并且在三进院正房北面接建了一卷南房。五进院内后罩房九间。

东院（13号）原来也是一座五进的院落，但是目前一进院的大门及二进院的垂花门、游廊等建筑均已无存。二进院内保存有三间正房，两侧带耳房各两间，东、西厢房各三间。三进院内正房五间，西侧带耳房两间，东、西厢房各三间，东厢房正中开门可通向11号院。四进院较开阔，并向西扩展，两边并不严格对称。院内正房三间，西侧带耳房两间，东侧耳房三间，东厢房三间，西厢房位置为一座三开

图5-11 大门及两侧倒座房

图5-12 可园中厅

间的水榭，明间前出一卷悬山抱厦，水榭下原来有水池和假山，今均无存。整个院落的房屋以游廊相连。北侧廊子偏西为井院，水井今已无存，留有两间小房。第五进院有后罩房十间。

图 5-13　可园小亭

图 5-14　可园敞轩

二、北京的三座大学士宅第

1. 前公用胡同15号——大学士崇厚宅第

该宅院位于西城区新街口街道前公用胡同东部，曾为清代后期大学士崇厚的宅第。1996年被公布为北京市文物保护单位。

前公用胡同原名前供用库胡同，因宫廷供用库位于此条胡同而得名。至迟在明代时该条胡同的名称已经是供用库胡同。明人张爵撰写的《京师五城坊巷胡同集》中西城条记载该胡同名称即为"供用库胡同"①。这个名称有可能始于元代，据《元史·卷八十九·志第三十九·百官五》记载："供用库，秩从九品，大使、副使各一员，受徽政院札。国初，为绫锦总库。至元二十一年，改为供用库。"②至元二十一年（1284年）时，大都城已经完全建成，所以明代的名称有

---

① ［明］张爵：《京师五城坊巷胡同集》，北京古籍出版社，1982年版。
② ［明］宋濂：《元史》，中华书局，1976年版。

可能是沿袭自元代的名称。尤其是明代的北京城是在元代大都城基础上建造而成的，而且此处在元、明两代都属于鸣玉坊，街巷格局没有大的变化。但是这个推测目前没有确凿证据加以证实。

根据《明史·卷七十四·志第五十·职官三》："其外有内府供用库，掌印太监一员，总理、管理、掌司、写字、监工无定员。掌宫内及山陵等处内官食米及御用黄蜡、白蜡、沉香等香。凡油蜡等库俱属之。旧制各库设官同八局。"[①]在明代，供用库分为供用库和外供用库。供用库位于皇城以内，而根据明代的胡同名称，外供用库位于此条胡同的可能性极大。至于是否为该院的地基所在，尚不能确认。

至清代乾隆年间，《日下旧闻考·卷三十七·京城总记一》记载："四牌楼大街西边所有之卫衣胡同、太平仓胡同、五王侯胡同、车儿胡同、石碑胡同、宝禅寺、帽儿胡同、宫衣库胡同，此八胡同为五参领之十四佐领居址。"[②]其中宫衣库胡同就是明代供用库胡同的演化名称。据清代朱一新撰写的《京师坊巷志稿》记载："前、后宫衣库亦称公用库，井一，桥一。神机营所属右前护军马队及右骁骑营抬枪队，均置厂于此，详兵制。"[③]这两条记载都说明这条胡同已经改为八旗官民的居住之处。清代乾隆年间绘制的《乾隆京城全图》上描绘的此胡同已经称为前公用库胡同（该条胡同上开辟了一条南北向小胡同，称为后公用库胡同）。而且更为可贵的是，《乾隆京城全图》上该院在当时的详细建筑情况完整无缺（图5-15）。将《乾隆京城全图》与现状之建筑格局与建筑单体对照（图5-16），得出如下几点：首先，该院目前所处的，地跨前公用胡同和后公用胡同的地盘形状在乾隆时期已经形成。其次，该院东路在《乾隆京城全图》上与现状之格局非常相似，只是乾隆时期为四进院落，大门朝南在前公用胡同开门，现状为三进院落，大门朝东在后公用胡同开门，且当时比现状多了一进前部的院落，目前前部的这部分已经不在院落范围内，而是另辟成

---

① ［清］张廷玉：《明史》，中华书局，1974年版。

② ［清］于敏中：《日下旧闻考》，北京古籍出版社，2001年版。

③ ［清］朱一新：《京师坊巷志稿》，北京古籍出版社，1982年版。

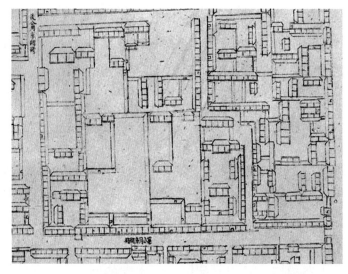

图 5-15　前公用胡同 15 号在《乾隆京城全图》上的建筑情况

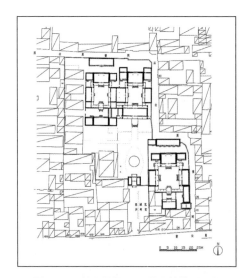

图 5-16　前公用胡同 15 号现状总平面图

院。目前的二进院和三进院的格局与乾隆时期的三进院和四进院的格局一致。最后，目前中路的前部为空场，与乾隆时期非常相似，当时亦为一座庭院，只是当时比现状多建有临街房屋和一道围墙。除了以上的相似之处外，其余建筑均不相符。由于《乾隆京城全图》是乾隆十五年（1750年）成图，故而该院之现状格局必定是乾隆十五年以后改造而成。但是从乾隆十五年的图上表现出的该院布局和单体建筑看，该院当时应该已经是住宅建筑，而不是仓库的建筑形制。

前公用胡同15号四合院现状之建筑为住宅和花园相结合的大型宅院形式，显然为某位官员的宅第，而乾隆十五年后最有可能将宅院改造成现状形制的主人便是清代后期曾购置此宅的满族官员崇厚。《清史稿·列传二百三十三》记载:"崇厚,字地山,完颜氏,内务府镶黄旗人,河督麟庆子。……咸丰十年,署盐政,明年,充三口通商大臣。又明年,迁大理寺卿,仍留津与英、法重修租界条约。同治改元,以兵部侍郎参直隶军事,寻署总督。……九年,津郡民、教失和,被议。事宁,朝廷遣使修好,命充出使法国大臣,是为专使一国之始,然事毕即返。历署户部、吏部侍郎。"

"光绪二年,署奉天将军,……四年,……授出使俄国大臣,加内大臣衔,晋左都御史。明年,赴俄。初,左宗棠进兵伊犁,乘俄土战争,要俄人退去库尔札,俄人多所挟求。至是,崇厚抵利伐第亚谒俄皇达使命,贸然与订和约。……上大怒,下崇厚狱,定斩监候,以徇俄人请,贷死,仍羁禁。更遣曾纪泽往俄更约,争回伊犁南路七百余里,嘉峪关诸地缓置官。十年,崇厚输银三十万济军,释归。遇太后五旬万寿,随班祝嘏,朝旨依原官降二级,赏给职衔。十九年,卒,年六十有七。"①需要赘述的是,完颜崇厚为金世宗完颜雍的第二十五世孙。崇厚的八世祖达齐哈因为立有战功,随从顺治皇帝入关进京。由于清代和金代为前后沿袭的同宗同族,故而其家族被誉为"金源世胄,铁券家声"。

鉴于以上崇厚的简历,对于此院由崇厚建成的推测主要有以下几个理由:首先,现状之宅院的规模和格局为三路三进四合院,这并不是一般官员能够拥有的宅院规模。其次,单体建筑上,宅院大门为广亮大门,在清代是一品和二品官员才能使用的宅门形式,而且花园部分采用了三间一启门的形式,这更不是一般官员能够使用的。最后,该宅院主体建筑年代应为清代后期建筑。纵观清代乾隆朝以后,仅曾使用此宅的崇厚最符合这些条件,且现存建筑年代也与崇厚的生平大体相符。另外,崇厚之父麟庆的住宅筑有半亩园,是京城著名私家园林,此宅也带有花园,有受其父影响的可能。

而根据以上之分析,更进一步地推论宅院建成年代。由于该宅的

---

① [清]赵尔巽主编:《清史稿》,中华书局,1977年版。

规模和单体建筑上都表现出应为二品以上官员的宅第，其最早也应该是在咸丰十一年（1861年）崇厚升任三口通商大臣（从二品）之后，才能按照这样的等级规制改造宅院。或是更晚一些同治元年（1862年）任大理寺卿（二品）之后改造而成。

民国以后，据资料记载张作霖部将傅双英曾居此宅，直至中华人民共和国成立后才搬出。但是很可惜，傅双英生平尚未能查到。由于民国时期住宅上已经没有了等级的限制，所以傅双英也有改造该住宅的可能性。尤其是中路在大门前还有类似停车场的前庭，崇厚住宅时期，不太可能将乾隆时期临街房屋和大门拆掉而形成院前空场，使花园前部显得突兀。可能是民国时期为进出汽车方便，才将临街房屋拆除并将清代崇厚花园的厅堂改造成目前的花园大门。

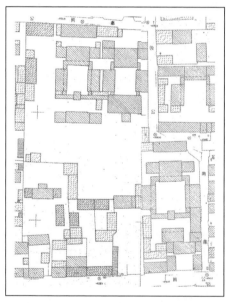

图5-17　前公用胡同15号20世纪50年代地形图（本图为1950—1956年根据20世纪40年代地形图修测）

中华人民共和国成立后，根据20世纪50年代测绘的地形图（图5-17），可以看出建筑格局和单体建筑平面与现存建筑一致，仅中路多出一座花坛。这也进一步说明该院的改建是在1950年以前。

该院跨前公用胡同和后公用胡同，院落坐北朝南，分为东、中、西三路，三路院落并未对齐平行，而是东路突出向前，中路退后，西路再退后，呈阶梯状排列。东西两路为三进院落，中路两进院落加一座门前庭院（图5-16）。现存建筑的建成年代为清代后期。

中路最前方为类似三间一启门的王府大门，铃铛排山脊筒瓦屋面，明间大门门扇开在中柱位置，圆形抱鼓石一对，前檐柱和后檐柱装饰雀替。门前两侧上马石一对，雕刻花卉和海兽图案。在古代，东侧上马石一般用来上马，西侧用来下马。大门前有一座庭院，无建筑物，类似停车场。大门内第一进院为花园，中间有现代添建的叠石花坛。其北侧有花厅五间，过垄脊合瓦屋面，前檐部分明间隔扇门装修，前接六檩卷棚抱厦，次、梢间为槛墙、支摘窗，窗前各有假山石一方。后檐为老檐出后檐，明间开隔扇门，十字海棠棂心。花厅东侧月亮门通第二进院。二进院正房三间，披水排山脊，合瓦屋面，前后出廊，前檐明间为隔扇风门，前出垂带踏跺四级，次间槛墙和支摘窗，步步锦棂心。正房东西两侧耳房各二间。东、西厢房各三间，披水排山脊，合瓦屋面，前檐明间为隔扇风门，前出如意踏跺三级，次间槛墙和支摘窗，步步锦棂心。其中西厢房与西路的东厢房形成两卷勾连搭形式。院内建筑以游廊相连接。

东路广亮大门一间，开辟于后公用胡同，东向，现已封堵。一进院内南房（倒座房）三间，披水排山脊，合瓦屋面，大门北侧有厢房四间。院落北侧有一殿一卷式垂花门一座，垂莲柱形垂柱头，垂柱头间装饰雀替，方形门墩。垂花门两侧南面为看面墙，北侧为抄手游廊，四檩卷棚顶，筒瓦屋面，绿色梅花方柱，柱间步步锦棂心倒挂楣子、花牙子。二进院内正房三间，披水排山脊，合瓦屋面，前后出廊，明间为隔扇门，前出垂带踏跺四级，次间槛墙、支摘窗。两侧耳房各二间。东、西厢房各三间，披水排山脊，合瓦屋面，前出廊，装修同正房，明间前出如意踏跺三级。院内房屋以游廊相接。三进院为后罩房五间，过垄脊合瓦屋面。西侧接耳房二间，过垄脊合瓦屋面。此路的建筑彩画均为箍头包袱彩画。

西路一进院南房三间，披水排山脊，合瓦屋面，明间隔扇门，次间槛墙和支摘窗。两侧耳房各二间。院落北侧为一殿一卷式垂花门一座，垂莲柱形垂柱头，垂柱头间装饰雀替，方形门墩。垂花门两侧连接看面墙，看面墙上开什锦窗，墙北侧为抄手游廊，四檩卷棚顶，筒瓦屋面，绿色梅花方柱。二进院内正房三间，披水排山脊，合瓦屋面，前后出廊，前檐明间隔扇门，前出垂带踏跺五级，次间

图5-18　崇厚宅第西路正房

槛墙、支摘窗（图5-18）。正房两侧耳房各二间。东、西厢房各三间，披水排山脊，合瓦屋面，前出廊，前檐装修同正房，明间前出如意踏跺三级。厢房南侧带厢、耳房各一间。院内建筑装修均为步步锦棂心。三进院后罩房五间，披水排山脊，合瓦屋面。此路的建筑彩画均为箍头包袱彩画。

此宅为北京四合院中具有代表性的大型四合院，一方面它规模大，传统四合院中的各种建筑要素较为齐全。另一方面，它格局保存完整，单体建筑保存状况较好，且现代补做的装修也基本按照传统题材和形制恢复。其建筑特色表现在以下几个方面。

第一，建筑融住宅与园林为一体。此宅以中路为花园，东路和西路为住宅，花园内以一座花厅作为主体建筑，花厅前的庭院内较为空旷，没有太多建造，仅种植高大树木，在夏日形成绿叶蔽日的环境，未利用太多造园手法，建筑氛围朴实（图5-19）。

图5-19　崇厚宅第中路花园

第二，此院建筑使用功能较为明确。此宅东路应为主路，因整座宅院的大门开辟在此路，东路在古代可能作为宅院主人的起居室和会客室。中路为花园部分，建筑功能上属于游赏区。花园中的主体建筑为第一进院的花厅，花厅一般可以作为主人会客、观看演出和平时消夏纳凉之用，尤其是花厅前檐接出的抱厦更可以作为戏台。花园后院为一正两厢格局，与东西路的第二进院相同，可以作为宅院主人夏日避暑的小住之所。西路的建筑从格局上与东路几乎相同，只在单体建筑上与东路有一定区别。西路没有临街大门，要从中路或东路进入，空间相对较为私密。另外，东路二门位置的看面墙上开有形式各异的什锦窗，其建筑形式上和空间氛围上更为活泼。由此可以推断可能为宅院的女眷居住（图5-20）。

图5-20　崇厚宅第西路看面墙什锦窗

第三，宅院建筑等级较高。宅院大门为四合院中等级最高的一种宅门形式——广亮大门。这种大门在封建社会只有二品及以上官员才能使用。其花园大门更是采用了类似王府大门的形式（图5-21），在宅院正中开三间一启门的大门，只是屋面没有采用一般王府常用的硬山调大脊。除了上文所说的民国时期改造成目前的形制外，也有另一种可能，虽然在清代除了王公亲贵外，任何一级官员的宅院不能使用三间的大门和筒瓦屋面，但是宅院的花园部分往往例外，由此推测这

图 5-21　崇厚宅第中路花园大门

座三间的大门可能就是在临街大门之后花园里的第二道大门。也许是
清代末期的宅院主人崇厚担心这样的建筑等级容易招来逾制的罪名，
所以并没有将其建在临街位置，而是建造了一个前庭作为遮挡。当
然，这种可能性相对前两种要小一些。一则因为清代对于花园之中的
建筑并没有严格的等级限制，很多大臣的花园都使用了较高等级的建
筑形式。二则这种等级的建筑是不可能掩盖的。

　　第四，北京四合院的各种建筑要素齐全。该院除了等级高，还可
以看作北京四合院建筑的代表。该院有大门、倒座房、垂花门、看面
墙和廊子、正房、耳房、厢房、后罩房和花园，具备了北京四合院建
筑几乎所有的单体建筑要素。

　　第五，宅院基地随形就势，布局合理。由于该宅院处于前公用胡
同和后公用胡同之间所形成的弯曲形地块内，东部南北进深短，西部
南北进深长，宅院也采取了梯形的布局。而且将花园置于中路的布局
方便东路和西路的居住者进入花园，较之一般宅园相结合的四合院将
花园安置在偏居宅院一侧的方法，更方便进入。

2．黑芝麻胡同13号——大学士奎俊的宅第

　　该宅院位于东城区交道口街道。建筑坐北朝南，分为东西两路，
每路三进院落。

　　该院曾为清晚期大学士奎俊宅第。奎俊（1843—1916年），字乐

峰，谥悫靖。清末满洲正白旗人，瓜尔佳氏，蒙古族。书法家，工书，近赵孟頫，得其精髓。曾历任四川总督、刑部尚书、内务府大臣等职。清光绪二十九年（1903年）任理藩院尚书，先后任正白旗蒙古都统，兼任署都察院左都御史、刑部尚书、吏部尚书、内务府大臣，上驷院兼管大臣等职。宣统三年（1911年）任内阁弼德院顾问大臣。

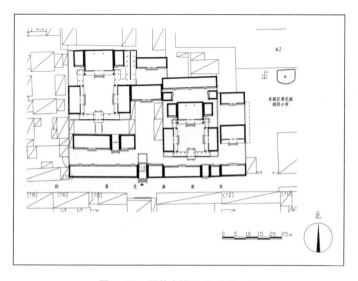

图 5-22　黑芝麻胡同 13 号平面图

此宅西路为宅院主体。院落东南隅开广亮大门一座，清水脊合瓦屋面，脊饰花草砖，前后檐柱间均饰雀替，红色板门两扇，门上有走马板及梅花形门簪四枚，圆形门墩一对，前出垂带踏跺六级，大门前两侧有上马石一对。门外胡同对面有一字影壁一座，这是高等级住宅的象征。影壁心原有雕刻，目前残毁。门内迎门也有一字影壁一座，影壁心及四角岔花砖雕，下碱为须弥座。大门东侧倒座房两间，西侧倒座房八间半，清水脊合瓦屋面，脊饰花草砖。一进院有二门一座，与宅门一样也是广亮大门形式，清水脊合瓦屋面，脊饰花草砖，前后檐柱间均饰雀替，雕梅花形门簪四枚，圆形门墩一对，前出垂带踏跺四级，戗檐及博缝头处有砖雕。二门东侧北房两间，西侧五间，清水脊合瓦屋面带花草砖脊饰。二进院北侧一殿一卷式垂花门一座，装饰有大花板、雀替，门上有雕梅花形门簪四枚，圆形门墩一对。二进院与垂花门间有甬道，甬道东西两侧有如意踏跺各两级。过垂花门为三进院，院内正房三间，前后廊，披水排山脊，合瓦屋面，明间为五抹隔扇门，前带帘架，次间槛墙和支摘窗，前出垂带踏跺四级，戗檐及博缝头处有砖雕。正房东西耳房各一间。东西厢房各三间，前出廊，披水排山脊，合瓦屋面，明间为隔扇风门，前出如意踏跺三级，次间槛墙和支摘窗，戗檐及博缝头处有砖雕。西路有一座二进的东跨院。一进院与二进院内均有北房三间。

图5-23 奎俊宅第西路大门

图5-24 奎俊宅第广亮大门局部

东路院落也是在东南隅开门，如意门形式，清水脊合瓦屋面带花草砖脊饰，梅花形门簪两枚，门头装饰银锭纹花瓦，抱鼓形门墩一对，博缝头处有砖雕。大门东侧门房一间半，西侧倒座房五间。一进院北侧一殿一卷式垂花门一座，前檐装饰有大花板、小花板、雀替，红色板门两扇，门上雕梅花形门簪四枚，方形门墩一对。二进院内正房三间，东西耳房各一间，东西厢房各三间，前出廊，均为清水脊合瓦屋面，脊饰花草砖。三进院北房七间，清水脊合瓦屋面，脊饰花草砖。三进院东西各有平顶厢房一间。东路带有东跨院一座。院内有倒座房南房三间。一进院和二进院北房均三间。

图 5-25　奎俊宅第大门内一字影壁

图 5-26　广亮大门形式的二门

图 5-27　三进院正房砖雕

3．沙井胡同15号——大学士奎俊的又一座宅第

该院位于东城区交道口街道。该院坐北朝南，四进院落带东西跨院，属于大型四合院。

该院为清光绪朝内务府大臣奎俊的又一所宅院，与沙井胡同17号、19号院原为一院，是奎俊黑芝麻胡同宅院的前院。院落大门原位于沙井胡同17号，15号是东路院。2003年公布为北京市文物保护单位。

大门位于院落东南隅，广亮大门形式，清水脊，合瓦屋面，脊饰花草砖，前后檐柱间均有雀替。红色板门两扇，门板上有门钹一对。门上有雕"福"字梅花形门簪四枚，走马板有彩绘画。圆形门墩一对，门前出垂带坡道。门前胡同对面有影壁一座，门内迎门也有一字影壁一座。大门西倒座房四间，清水脊，合瓦屋面，脊饰花盘子，前檐绘有箍头彩画。东倒座房已改为车库。一进院北侧有一殿一卷式垂花门一座，屏门四扇，前出垂带踏跺四级，后出垂带踏跺三级。二门两侧有看面墙。二进院正房三间为过厅，前后廊，前后檐均绘有箍头彩画，前檐明间为隔扇风门，前带帘架，次间为支摘窗，其上均有横披窗，均为工字卧蚕步步锦棂心，明间有垂带踏跺三级。院内四周环以四檩卷棚顶游廊，筒瓦屋面，绘有箍头彩画，柱间带工字卧蚕步步锦棂心倒挂楣子、花牙子及卧蚕步步锦棂心坐凳楣子。二进院东南角开门，通往东跨院。三进院一殿一卷式垂花门一座，两层方椽装饰有万寿彩画，檐檩绘有锦枋心，大花板与檩之间用荷叶墩相连，垂莲柱头，柱间雀替装饰，檐柱与垂帘柱之间用骑马雀替相连。门上有梅花形门簪四枚，雕有"吉祥如意"，方形门墩一对。垂花门两侧有看面墙，看面墙北侧为四檩卷棚顶游廊。三进院正房三间，前后廊，鞍子脊，合瓦屋面，老檐出后檐墙，前后檐均绘有箍头彩画，前檐明间为隔扇风门，前带帘架，次间为支摘窗，其上均有横披窗，均为工字卧蚕步步锦棂心，房前有垂带踏跺四级。正房东西两侧各有耳房两间，

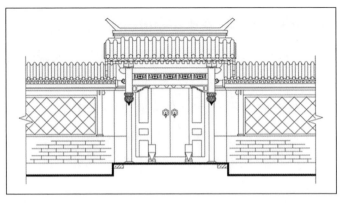

图 5-28　垂花门立面图

鞍子脊，合瓦屋面，封后檐墙，东耳房东侧半间为过道，通往四进院，西耳房旁有一座月亮门，通往西跨院。三进院东厢房三间，鞍子脊，合瓦屋面，前出廊，前檐绘有箍头彩画，明间为隔扇风门，前带帘架，次间为支摘窗，其上均有横披窗，均为工字卧蚕步步锦棂心，房前有如意踏跺两级。西厢房三间，前后出廊，两卷勾连搭屋面，前檐绘有箍头彩画，明间为隔扇风门，前带帘架，次间为支摘窗，其上均有横披窗，均为工字卧蚕步步锦棂心，房前有如意踏跺两级。四进院后罩房七间半，鞍子脊，合瓦屋面，前出廊，封后檐墙，前檐绘有箍头彩画，西数第二间及第五间为夹门窗，门前有垂带踏跺三级，其余各间为支摘窗，其上均有横披窗，均为工字卧蚕步步锦棂心，东侧半间开为后门，门道上有天花装饰。东跨院一进院有正房三间，前后廊，清水脊，合瓦屋面，老檐出后檐墙，前后檐均绘有箍头彩画。明间为隔扇风门，次间为支摘窗，其上均有横披窗，均为工字卧蚕步步锦棂心，房前出垂带踏跺三级。院东侧有游廊与房相连。北房三间半，明间为套方灯笼锦隔扇风门，门前有如意踏跺两级。三进院垂花门花板西跨院正房三间，前后出廊，鞍子脊，合瓦屋面，老檐出后檐墙，前檐绘有箍头彩画，明间为隔扇风门，前带帘架，次间为支摘窗，其上均有横披窗，均为工字卧蚕步步锦棂心，房前有垂带踏跺四级。

图5-29　奎俊宅第三进院正房

三、北京的一座驸马府

内务部街11号——四合院内的驸马府

内务部街11号位于东城区朝阳门街道，曾为清代驸马明瑞的宅

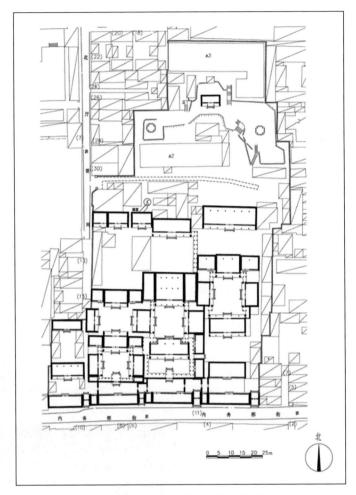

图 5-30　内务部街 11 号总平面图

第。这座宅第经过了百年的风霜，从胡同往里看，毫不起眼，但是走进内部，却会发现其不但占地宽广，而且十分有特色。1984年，该宅第被公布为北京市文物保护单位。

此宅在清代乾隆时期为一等诚嘉毅勇公明瑞的宅第。道光二十五年（1845年），道光皇帝的六女寿恩公主下嫁明瑞曾孙景寿，故又称"六公主府"。虽有公主下嫁，但是此府规制并不高，只是公爵宅第形制。民国时期，该宅为盐业银行经理岳乾斋所购得。中华人民共和国成立后，一直由部队人员及家属使用。现为居民院。

该宅整体上坐北朝南，分为南部住宅区和北部花园区两大部分。住宅区建筑又分为东西并联的四路房屋。

宅院的中路是住宅部分的主体。大门位于院落东南隅，原为广亮大门形式，后改为一般百姓便可以使用的如意门形式，门头装饰的海棠池素面栏板，戗檐、博缝头与门楣的砖雕工艺均为浅浮雕，水平也很一般。大门东侧门房一间，西侧倒座房五间，倒座房西侧接耳房一间，均为一般四合院民房建筑式样。因此，院落的临街面在整条胡同内并不显眼，十分普通。进入大门内，迎门建了一字大影壁一座，才稍显一些高等级宅院的规制。影壁两侧各有一座砖砌屏门，东侧屏门通东路。西侧屏门通中路。

图 5-31　明瑞宅第垂花门圆形门墩

图 5-32　明瑞宅第垂花门方形垂柱头

过西侧屏门进入中路第一进院，院北侧为一殿一卷式垂花门一座，垂花门装饰冰裂纹花板与花罩，上槛处有梅花形门簪两枚。这座垂花门的垂柱头为方形，其梁架绘制箍头包袱彩画。垂花门下部安装门轴的门枕石是一对圆形鼓子。这座垂花门的体量比一般垂花门都要大。过垂花门进入二进院，院落北侧是五间过厅建筑，建筑后面出悬山顶抱厦三间。院内东西两侧有四檩卷棚顶抄手游廊连接过厅与垂花门，廊子的柱间饰变形菱形倒挂楣子。第三进院内有正房五间，为双卷勾连搭建筑形式，也就是两个一座建筑屋顶相互勾连。正房两侧耳房各二间，也是双卷勾连搭形式。院内两侧厢房各三间，其中西厢房

图 5-33　明瑞宅第东路二进院正房砖雕

为过厅形式，与西路共用，东厢房为双卷勾连搭形式。院内各房均由四檩卷棚抄手游廊相连。三进院内的房屋使用的是筒瓦，比一般四合院的合瓦等级高，显示出了驸马府的面貌。第四进院正房五间。

东路原本也有自己的大门，位于院落东南隅，也是广亮大门形式，但目前已封堵，改走中路大门。原大门西侧倒座房五间。一进院正房五间，后改为现代水泥机瓦屋面，但建筑木构架还是清代的。第二进院为五间过厅。第三进院正房三间，正房两侧耳房各二间，木构架均绘箍头彩绘。东西厢房各三间。第四进院为后罩房七间。东路建筑形制明显低于中路，房屋均用合瓦。但与中路一样，每座建筑的戗檐、墀头都有精美的砖雕。

西一路的大门位于院落东南隅，为广亮大门形式，其门墩为广亮大门很少使用的方形鼓子，大门现也已经封堵，也是由中路西侧屏门进入。原大门西侧倒座房五间。原大门内迎门也有一字影壁一座，影壁两侧各有屏门一座，通一进院。一进院内北侧有一殿一卷式垂花门一座，垂柱上装饰花板、垂莲柱头及雀替，前檐有板门两扇，梅花形门簪四枚，门簪雕刻梅花图案，门扇下是圆形门墩。垂花门两侧看面墙心采用影壁心形式。二进院内正房三间，为过厅形式。正房两侧耳房各二间。东西厢房各三间。院内各房之间以及与垂花门之间均有四檩卷棚顶游廊相连。廊子的梅花形廊柱间饰步步锦倒挂楣子与花牙子。第三进院正房三间，两侧耳房各二间，其中东耳房西侧半间为通四进院的过道。东西厢房各三间，其中东厢房与中路三进院西厢房呈两卷勾连搭形式，为过厅。院内正房与东西厢房之间原有平顶廊相连，现已拆除。第四进院北房两座，西侧一座正房三间，西侧连接耳房二间。东侧一座正房三间。此路建筑均在饿檐部位饰精美的花卉图案砖雕，在博缝头位置饰万事如意图案砖雕。整组建筑的砖雕成为一大特色。根据建筑推断为起居生活之处。

西二路较小，仅有两进院。一进院东侧有屏门与西一路相连。大门也是广亮大门形式，位于院落东南隅，前檐柱间砌筑了一座现代仿古砖质小门楼。大门东侧门房一间，西侧倒座房五间。饿檐饰花卉图案砖雕，博缝头饰万事如意图案砖雕。第一进院内仅有正房五间。二进院内正房也是五间，檐下寿字檐椽。据传此院原为家祠。

驸马府的花园位于宅院北部，东西横贯四路院落，为后花园形式。后花园内横贯东西堆叠土间石假山一座，假山东西两侧各有磴道和石阶蜿蜒上山，中部

图 5-34　驸马府花园方亭

偏东有山洞。假山上中部歇山顶过垄脊敞轩三间，东西两端各对称建造四角攒尖顶方亭一座，方形宝顶。花园建筑十分疏朗，且下部由于堆土叠石，整体高出住宅部分，在花园内可以俯瞰宅院。因此，整座花园显得大气凝重。

此宅后成了大杂院，古建筑的门窗装修等都失去了往日风貌，加之大量临时性建筑的落成，使得庭院空间狭小。但其体量在整个北京旧城都堪称大宅，高质量的建筑以及处处可见的精美砖雕和木雕装

饰，似乎都在告诉人们驸马府和公爵府的往昔光辉。

四、北京的两座清末大宅

1. 府学胡同36号及交道口大街136号——兵部尚书的宅院

该院位于东城区交道口街道，坐南朝北，分为东、西两部分，是一座带花园的大宅。1984年该院被公布为北京市文物保护单位。

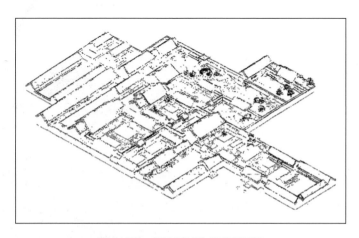

图5-35 "兵部尚书"院落鸟瞰图

明末此宅为崇祯帝宠妃田贵妃之父的住宅，也就是国丈府。有传说名妓陈圆圆曾在此处居住并被李自成大将刘宗敏夺走。清康熙年间此处曾为靖逆侯张勇住所。清代末年，成为兵部尚书志和的宅第。民国时期，同治帝的二位遗孀敬懿、荣惠皇太妃出宫后曾居于此。西部宅院曾为北洋军阀海军总长刘冠雄的官邸。此后为天主教神学院所有。

宅院东部即府学胡同36号部分，分为中、东、西三路。原宅门前驱突出于院落前部，西向，面阔三间，中间一间为门道。门外两侧上马石一对，其上雕刻的麒麟和海水图案非常少见。门内为中路第一进院，现存东房、北房、南房及一幢面阔七间的二层仿古建。两侧与游廊相接。第二进院北房为过厅，两侧有游廊，通东路和西路。第三进院有垂花门一座，院内有北房、东西厢房。各房之间均有抄手游廊相互连接。第四进院有后罩房五间。

图5-36 "兵部尚书"宅院敞轩

图5-37 "兵部尚书"宅院东路二进院正房

西路有倒座南房九间，过厅三间，过厅两侧耳房各三间。二、三进院之间有一座一殿一卷式垂花门。垂花门内第三进院有北房及其耳房、东西厢房，各房之间均有抄手游廊相连。第四进院为后罩房十三间。东路为花园部分。第一进院四周游廊，院内

图5-38 "兵部尚书"宅院中路二进院正房

有敞轩一座，两侧开门与游廊相接。院落北侧有一座垂花门。过垂花门为第二进院，院内有东房、北房。第三进院有北房四间。

西部即交道口大街136号，原有大门在麒麟碑胡同路北，大门封闭后，又于宅院西南隅辟门，临交道口南大街，此门为现北京市东四妇产医院的大门。此宅原有四进院落，今仅存三进。原第一进院现已改造，作为医院大厅。第二至四进院呈长方形，从西侧走廊进入。第二、三进院均有北房、东西厢房。第四进院北房两侧有耳房，两侧有厢房，西房为二层建筑。院内环以游廊。

此宅是保存至今较为完整的大型四合院，由多组院落和花园组成，为北京地区四合院建筑的典型代表之一。此宅几经易手，格局变

动较大，但保存较好。

图5-39 "兵部尚书"
宅院院内盛开的玉兰花

图5-40 "兵部尚书"宅院垂花门及游廊

2. 前海西街18号——郭沫若故居

郭沫若故居位于西城区前海西街18号，是郭沫若1963年至1978年在京的住所，也是一所清代晚期带花园的大型宅院。1982年郭沫若故居被公布为第二批全国重点文物保护单位。

郭沫若（1892—1978年），原名郭开贞，四川乐山人，是著名诗人、剧作家、历史学家、古文字学家、书法家、翻译家和社会活动学家。曾任全国人民代表大会常委会副委员长、中国人民政治协商会议全国委员会副主席、中国科学院院长、中国文联主席等职。

郭沫若故居清代乾隆年间为和珅的一处花园。嘉庆年间，和珅被赐死，花园遂废。同治年间，花园为恭王府的前院，是堆放草料及养马的马厩。民国时期恭亲王的后代将此处卖与天津达仁堂药店乐氏家族作为花园。1950年至1959年，此处曾是蒙古人民共和国驻华使馆所在地。1960年至1963年为宋庆龄寓所。1963年11月，郭沫若由西四大院胡同5号搬至此处居住，直到1978年6月12日去世。在此居住期间，郭沫若著有《古代文字之辩证的发展》《中国古代史的分期问题》《李白与杜甫》《英诗译稿》等。此院现作为郭沫若纪念馆对社会开放。

故居坐北朝南，为一座带花园的两进四合院。大门三间，东向，明间辟门洞，为广亮大门形式，门上方悬挂邓颖超题金字木匾一块，书"郭沫若故居"。门外街道对面有砖砌一字影壁一座。门内为故居南部，是花园部分，草坪中放置郭沫若先生铜像一尊。院内西南角建有翠珍堂，面阔四间，其余部分均由山石、林木等组成。故居北部为主体建筑所在，坐北朝南，二进院落。第一进院南侧有一殿一卷式垂花门一座，两侧各置铜钟一口。院内有正房五间，为郭沫若生前办公、起居用房，过垄脊筒瓦屋面，前后廊，檐下绘掐箍头彩画。两侧耳房各一间。东、西厢房各三间，过垄脊筒瓦屋面，前出廊，檐下绘掐箍头彩画。院内各房由抄手游廊相互连接。第二进院有后罩房十一间，前后廊，过垄脊合瓦屋面，檐下绘掐箍头彩画，是郭沫若夫人于立群女士的写字间、画室及卧室。院内四周建平顶游廊连接各房。院落东侧有跨院一座，院内有东房三间，鞍子脊合瓦屋面，前出平顶廊。北房两间，过垄脊合瓦屋面。

五、北京的两座民国时期大宅

1. 魏家胡同18号——民国东城巨富马辉堂花园

魏家胡同18号四合院位于东城区景山街道，别称"马辉堂花园"，为清末营造家马辉堂为自家设计并督造的一组带花园的院落。该院1986年被公布为东城区文物保护单位。2011年被公布为北京市文物保护单位。

马辉堂花园大约建成于1915年。当时马辉堂花园的范围比目前的范围大，大体是从什锦花园胡同19号向北到魏家胡同18号，占地上南北进深300多米，东西宽200多米。已使用了自来水、抽水马桶、电灯、地板、瓷砖、吊灯等现代住宅设施设备。而且很多装修材料从国外进口而来。抗日战争时期此院被分割，南部什锦花园胡同的部分房产为吴佩孚居住又有部分被汉奸抢占。抗日战争胜利后，该院的一部分曾做过戴笠公馆。据马家后人马旭初（马辉堂之孙）介绍，中华人民共和国成立后，马家将目前魏家胡同18号部分房产卖给了国家，所得款购买了"国债"。

马辉堂（1870—1939年），本名马文盛，清末营造家，祖籍河北省深县（今深州市）。马家先祖在明代参与营造过北京的紫禁城，清代参加兴建承德避暑山庄。马辉堂幼年随长辈来京学习木匠技艺，后来专为皇家、官宦人家服务。光绪年间，马辉堂因承办了修建颐和园的工程而发家，后经过不断经营壮大，成为清朝末年至民国初年北京的八大巨富之一，在北京有多处房产和多家木厂（相当于建筑工程公司）。由于马家世代从事营造行业，此处宅院提供了较为直观的实物资料，对于研究马氏营造技术及建筑特点有重要价值。同时，马辉堂花园也是了解和研究清末至民国初年宅院建筑特色的重要实物资料。

魏家胡同18号宅院分为东部住宅区和西部花园区两部分，住宅主要建筑尚完整，但花园仅存部分山石、花厅、亭子和游廊。

东部的住宅部分又分为东、西两路，于院西北角和东北角另辟两个北门。其东北角大门，披水排山脊，合瓦屋面，前檐柱间装饰雀替，后檐装饰菱形套倒挂楣子，大门开于金柱位置，两侧带余塞板，上为走马板，饰梅花形门簪两枚，门前有方形门墩一对。大门西侧接北房二间，过垄脊，合瓦屋面，前檐装修为现代门窗。

东部住宅建筑为一组并列二进二路四合院。西院正房三间，前出廊，披水排山脊，合瓦屋面，前檐装修为现代门窗，明间出垂带踏跺五级。正房两侧各带耳房二间，过垄脊，合瓦屋面，前檐装修为现代门窗。南房三间为过厅，带前后廊，过垄脊，合瓦屋面，装修推出，明间隔扇风门，次间隔扇门各四扇，垂带踏跺五级。东厢房三间为过厅，与东院西厢房合为一座建筑连通东西两院，带前廊，过垄脊，合瓦屋面，装修推出后改，垂带踏跺四级。西厢房三间，前出廊，披水排山脊，合瓦屋面，各间装修后推出，明间为夹门窗，次间为十字海棠棂心支摘窗，垂带踏跺四级。院内各房由抄手游廊连接，廊柱间饰菱形套嵌菱角倒挂楣子。院内西北角处辟有月亮门，可通花园。

东院正房三间，前出廊，披水排山脊，合瓦屋面，前檐装修为现代门窗，明间出垂带踏跺五级。正房东侧带耳房二间，过垄脊，合瓦屋面，前檐装修为现代门窗。南房三间，带前廊，过垄脊，合瓦屋面，明间隔扇风门，次间槛墙、十字海棠棂心支摘窗，垂带踏跺五级。西厢房三间为过厅，与西院东厢房合为一座建筑连通东西两院，前出廊，披水排山脊，合瓦屋面，各间装修后推出，明间为隔扇风门，次间为十字海棠棂心支摘窗，垂带踏跺四级。东厢房三间，带前廊，过垄脊，合瓦屋面，明间前檐装修为现代门窗，次间装修推出，为十字海棠棂心支摘窗，垂带踏跺四级。院内各房由抄手游廊连接，廊柱间饰菱形套嵌菱角倒挂楣子。

另有一组四合院建筑位于两院南部，现大门门牌号为小细管胡同15号。此院中轴线偏西，内有正房三间，前出廊，过垄脊，合瓦屋面，两侧是披水排山脊，前檐装修为现代门窗。正房两侧耳房各一间，过垄脊，合瓦屋面，前檐装修为现代门窗。东、西厢房各三间，前出廊，过垄脊，合瓦屋面，前檐装修为现代门窗。北侧各带厢耳房二间，过垄脊，合瓦屋面，前檐装修为现代门窗。南房五间为过厅，前出廊，过垄脊，合瓦屋面，前檐装修为现代门窗，两侧各带耳房一间。院内各房由抄手游廊相连，明间各出垂带踏跺三级。西侧是花园部分，可分西北院和东南院两部分，由游廊相连，廊子均带工字卧蚕步步锦棂心倒挂楣子与菱形套坐凳楣子。

西北院，有一座三卷勾连搭建筑位于该院南面，三间，西侧带二间两卷勾连搭耳房，耳房前加平顶廊，均为披水排山脊，合瓦屋面，山墙见铃铛排山装饰，此建筑北面西一间与耳房东一间之间出一抱厦，悬山顶，筒瓦过垄脊屋面。建筑东侧有一组假山，此处原为马辉堂本人居住。该建筑对面有一座戏台，进深皆三间，为三卷勾连搭建筑，过垄脊，合瓦屋面，前檐装修为现代门窗。戏楼东南侧假山之上有卷棚歇山顶的敞轩一座，五间进深四间，带前后廊，过垄脊，筒瓦屋面，山墙饰铃铛排山，檐部廊柱间装饰工字卧蚕步步锦棂心倒挂楣子与坐凳楣子。明间为隔扇风门，圆角套方灯笼锦与冰裂纹棂心，次间为支摘窗，棂心后改，房前出云步踏跺六级。其西侧有爬山廊与南面三卷勾连搭衔接。轩的西北角有北房三间，过垄脊，合瓦屋面，前檐装修为现代门窗。

东南院敞轩一座，位于该院东侧，坐东朝西，其东面即为住宅区南四合院。敞轩五间，进深一间，后出抱厦三间，悬山卷棚顶，过垄脊，筒瓦屋面，明间为冰裂纹隔扇风门，次、梢间前檐装修为现代门窗，各间均饰步步锦棂心横披窗，明间前出云步踏跺四级，房屋前有假山。南房三间，位于该院南边，过垄脊，合瓦屋面，前檐装修为现代门窗，明间前有垂带踏跺三级。院内西侧还有四角攒尖亭一座。

2. 西四北三条11号——军阀大宅

该院位于西城区西四北三条11号，是一座五进带花园的大宅院。1984年被公布为北京市级文物保护单位。

此院在民国时期曾为马福祥的住宅。马福祥（1876—1932年），字云亭，回族，甘肃省临夏县（今临夏市）人。民国时期西北马家军领袖，与马福禄、马福寿合称为"西北三马"。马福祥曾任国民政府蒙藏委员会委员长、国民政府军事委员会委员、绥远都统、安徽省主席、青岛特别市市长、北洋将军府祥武将军等职。清光绪二十六年（1900年），他接替殉国兄长马福禄在北京正阳门抗击八国联军；辛

图 5-41　马福祥宅第大门及倒座房

亥革命之夕，积极通电赞成共和，拥护孙中山国民革命，后跟随冯玉祥、蒋介石等。曾资助教育事业，如在宁夏创立蒙回师范，在北京资助成达师范、西北中学，在兰州、临夏、包头等地设立学校30余处等。与西北各旧军阀有所不同，他具有较高的政治远见和爱国精神，拥护民主革命，主张共和政体，促进民族团结，维护国家统一。

该院坐北朝南，西部为住宅部分，共五进院落。东北部建有一座花园。西路宅门为广亮大门形式，大门东侧倒座房三间、西侧五间。二进院南侧为一殿一卷式垂花门一座，垂花门两侧连接抄手游廊。二进院内有北房三间带东西耳房各二间，院落两侧厢房各三间，各建筑间以抄手游廊相连。第三进院落布局与第二进布局大体相同，由正房和厢房、耳房组成。第四进院有北房七间带东西耳房各二间、西厢房三间，东厢房位置处现为通跨院道路。第五进院有后罩房共十四间。

图5-42 马福祥宅第西路二进院

进入大门，西路院东有一条南北向道路贯通整个院落。在整座院落的东北部有一座跨院为

图5-43 马福祥宅第爬山游廊

图5-44 马福祥宅第寿桃形和书卷形什锦窗

花园。花园内现存北房、西房各五间。院落内东侧有一座二层楼房及假山石、八角亭。楼房北侧有爬山廊通二层等，廊内有精美的什锦窗装饰。

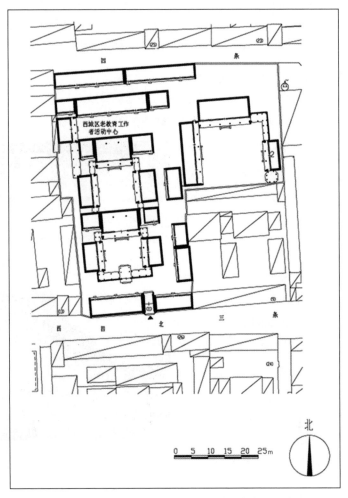

图 5-45　西四北三条 11 号平面图

第二节　北京现存的十座经典中小型四合院

本节通过介绍北京现存的十座经典中小型宅院的历史、人物、事件和每一座的建筑格局、单体建筑形式以及建筑特色，使人们更加深刻体会每一个类型四合院的建筑本身以及其所蕴含的深厚文化内涵。

一、四座文化艺术大师的宅院

1. 护国寺街9号——梅兰芳旧居

梅兰芳旧居位于西城区护国寺街9号，是京剧表演艺术家梅兰芳先生1951年至1961年在京的居所。旧居是一座三进的四合院。2013年梅兰芳旧居被公布为第七批全国重点文物保护单位。

梅兰芳（1894—1961年），我国杰出的京剧表演艺术家，博采众长，形成了独具风格的表演艺术流派，世称梅派。该院清代末年曾为庆王府马厩旧址。民国时期，曾在此设禁烟总局。中华人民共和国成立后，1951年，政府将该院落拨给梅兰芳居住，梅兰芳在此居住了近10年，直至1961年去世。在此居住期间，梅兰芳先生通过自身实践提出了京剧改革的方向，并在促进我国与国际文化交流方面做出了卓越的贡献，还创作了自己的最后一部新戏《穆桂英挂帅》。梅兰芳去世后，中央政府就决定将该处住所开辟为纪念馆。但因遭遇"文化大革命"的十年浩劫而中断，梅家后人也被赶出该院。1983年，中央政府批准将此处开辟为梅兰芳纪念馆，建筑经过修缮后，于1986年对外开放，邓小平亲自题写了匾额，直至今日。

梅兰芳故居坐北朝南，为一座三进的四合院，带一座西跨院。大门位于院落东南隅，蛮子大门一间，过垄脊合瓦屋面，门前檐下悬邓小平亲题的"梅兰芳纪念馆"匾额，黑底金字。大门东侧有门房一间，西侧倒座房四间，均为硬山顶，过垄脊合瓦屋面。大门内一字影壁一座。影壁前有汉白玉材质梅兰芳先生半身雕像一尊。一进院北侧正中二门一座，为小门楼形式，硬山顶，过垄脊筒瓦屋面。二门两侧接看面墙，墙顶部为正、反三叶草花瓦顶。院内西侧另有一座小门可通西跨院。二进院内迎门木影壁一座。院内正房三间，前出廊，硬山顶，过垄脊合瓦屋面。正房两侧各接耳房二间，硬山顶，过垄脊合瓦屋面。院内东、西厢房各三间，前出廊，硬山顶，过垄脊合瓦屋面。厢房南侧各接厢耳房一间，平顶。院内正房与厢房间隔有平顶游廊相互连接，梅花方柱，素面挂檐板，柱间装修"盘长如意"倒挂楣子及

图5-46　梅兰芳故居大门及倒座房

"灯笼框"坐凳楣子。三进院后罩房七间，硬山顶，过垄脊合瓦屋面。西跨院建西房二栋，南侧一栋面阔五间，北侧一栋面阔二间，屋面连为一体，硬山顶，过垄脊合瓦屋面，檐下单层方椽，梁枋绘箍头彩画，前檐为门连窗及支摘窗装修。

图5-47　梅兰芳故居内影壁

图5-48　梅兰芳故居正房

2. 雨儿胡同13号——齐白石故居

齐白石在北京有两座宅院，一座是其在民国时期购买的住宅，位于西城区跨车胡同，一座是中华人民共和国成立后分配给他的画

室，位于东城区雨儿胡同。本书要介绍的是他的工作室——雨儿胡同13号。

该院位于东城区交道口街道，是一座坐北朝南的一进中型四合院。1986年，雨儿胡同13号被公布为东城区文物保护单位。

雨儿胡同13号与其东侧的11号和其西侧的15号曾为一体，民国时期曾作为北海公园董事长董叔平的宅院，时称"董家大院"，后分割出售。中华人民共和国成立后，文化部购买了雨儿胡同13号，1955年将其分配给齐白石居住。齐白石在此只住了不足半年，就又搬回了自己的旧宅——跨车胡同15号。之后此院一度被改为"齐白石纪念馆"。"文化大革命"爆发后，纪念馆被撤销，改为"北京画院"。

图 5-49　齐白石故居鸟瞰图

图 5-50　齐白石故居大门

图 5-51　齐白石故居南房

图 5-52　齐白石故居院内屏门

院落南面临胡同一侧共有房屋九间，中间三间为南房主体，两侧各三间为耳房。大门开在东侧三间耳房的明间位置，如意门形式。院内正房三间，正房两侧耳房各三间，东、西厢房各三间。各房戗檐处均有砖雕。院内各房均由转角廊子相连，游廊上有倒挂楣子、花牙子及坐凳楣子。各房屋的廊心墙的廊门筒子上有福寿造型砖雕。

3.东堂子胡同75号——蔡元培旧居

该院位于东城区建国门街道东堂子75号，蔡元培任北京大学校长期间在此居住，是一座中型四合院。1985年由东城区人民政府公布为东城区文物保护单位。

蔡元培（1868—1940年），字鹤卿，又字仲申、民友、孑民，乳名阿培，浙江绍兴府山阴县（今浙江省绍兴市）人，汉族，我国著名革命家、教育家、政治家。光绪十五年（1889年）考中举人，后为进士，授翰林院庶吉士。二十八年（1902年）组织中国教育会，任事务长。三十年（1904年）在上海参与建立光复会，被推为会长，次年加入同盟会。1912年任南京临时政府教育总长，主张采用西方教育制度，确立资产阶级民主教育体制。1916年任北京大学校长，支持新文化运动，提倡学术研究，开"学术"与"自由"之风。1920年至1930年兼任中法大学校长。1940年3月5日在中国香港病逝。著有《中国伦理学史》《中国新文学大系导论集》《孑民自述》等。

图5-53 蔡元培故居大门及倒座房

该院落第一进院倒座房五间，蔡元培在此居住时曾作为客厅使用，东次间现辟为街门，西侧另接耳房一间。第二进院正房三间，前出廊，两侧接耳房各一间；东、西厢房各三间；南房三间，两侧接耳房各一间，其东耳房为门道，连通第一、二进院。第三进院有北房四间，平顶房二间。

图 5-54　蔡元培故居二进院正房

图 5-55　蔡元培故居院内东侧游廊

4. 宫门口二条19号——北京鲁迅旧居

北京鲁迅旧居位于西城区宫门口二条19号，是作家鲁迅1924年5月到1926年8月在北京的居所，是一座规模很小的四合院。2006年北京鲁迅旧居被公布为第六批全国重点文物保护单位。

1924年春，鲁迅向朋友借款2000元买下了此处房产，并亲自设计改建，同年5月迁来此处。鲁迅先生在此居住期间创作了《华盖集》《续编华盖集》《坟》《野草》《彷徨》《中国小说史略》《热风》等多部作品；同时还主持编辑了《语丝》《莽原》等周刊杂志。1926年，鲁迅离开此宅前往南方。中华人民共和国成立前夕，王冶秋、徐盈、刘清扬、吴昱恒等巧妙地利用旧法院，以"查封"的方式将这所宅院保护了起来。1949年10月19日，北京鲁迅旧居对外开放。1956年，在北京鲁迅旧居的基础上建成了鲁迅博物馆，用于展览鲁迅生平事迹，这座宅院是展览的一部分，主要展览鲁迅居住期间的原貌。

北京鲁迅旧居为一座占地规模很小的两进四合院，但从格局到装修细节都保存得十分完整。院落坐北朝南，大门一间位于院落东南角，门楼为近代风格，门洞为砖拱券形式。大门西侧有倒座房三间，用作书房兼会客室，屋内靠南墙有一排编了号码的书箱，西次间靠窗处有张床铺供来人临时住宿。倒座房西侧耳房一间，平顶。大门内左侧为砖砌屏门一座。转过屏门进入院内。一进院内有正房三间，其中东次间是鲁迅母亲的卧室，西次间是鲁迅夫人朱安的卧室，明间的堂屋为餐厅及洗漱、活动处。在正房后檐明间接出了一座砖砌的简易平顶小房，仅有八平方米，是鲁迅自己设计的卧室兼工作室，鲁迅称其

图5-56　鲁迅故居大门及倒座房

为"绿林书屋"。因鲁迅在此创作了大量揭露旧社会的文章，后来也被称为"老虎尾巴"，"老虎尾巴"内保留着当年陈设，室内的摆设甚是简陋。这正如鲁迅自己所说："生活太安逸了，工作就被生活所累了。"院内东、西厢房各两间，建筑门窗均为步步锦棂心。院内还有两棵鲁迅亲手种植的白丁香树。在西厢房西北侧有一座屏门，通二进院。二进院为花园形式，除了一进院正房后檐接出来的"绿林书屋"并无其他建筑物，只有一口枯井及花椒树、榆叶梅等植物。

图 5-57　鲁迅故居正房

图 5-58　鲁迅故居西厢房

二、三座典型的明清官员宅院

1. 秦老胡同35号四合院——绮园

绮园位于东城区交道口街道。该院坐北朝南，是一座三进花园式院落。秦老胡同35号院1986年被公布为东城区文物保护单位。2003年被公布为北京市文物保护单位。

该院曾为清晚期内务府总管大臣索氏宅第的花园部分，名"绮园"，至今院内假山上仍有"绮园"二字的刻石。园内原有假山、水池、桥、亭等建筑，还有船形敞轩一座。索氏后代是曾崇，因曾崇的儿媳妇为清末代皇后婉容之姨，故民间流传这所房子是"皇后的姥姥家"。后索家后代将花园分割出售，新房主将花园内建筑全部拆除，只留下大门东隅的一组假山，故该院庭院较一般四合院宽敞很多。另外，经推断秦老胡同37号院也是绮园的一部分。

该院为一座三进院落。大门位于院落东南隅，如意门形式，清水脊，合瓦屋面，脊饰花盘子，门头栏板、门楣及象眼处均有砖雕，红色板门两扇，门板上带有门钹一对，梅花形门簪两枚，有"平安"两字，方形门墩一对，大门中柱位置原大门走马板彩画绘有八仙。戗檐、墀头及博缝头均有砖雕，迎门有假山一座。大门西侧有倒座房九间，过垄脊，合瓦屋面，封后檐墙，前檐梁架绘有苏式彩画，前檐装修为现代门窗。一进院正房五间，前后出廊，过垄脊，合瓦屋面，老檐出后檐墙，前后檐均绘有苏式彩画，明间为过厅，地面铺设有花砖。一进院内原有西房三间，现

图5-59 绮园一进院假山

已改作车库。二进院正房五间，两卷勾连搭形式，前后出廊，前后檐梁架均绘有苏式彩画，明间装修为隔扇风门。正房两侧各有平顶耳房二间，檐下有挂檐板，东耳房东侧一间为过道，通往三进院。二进院东、西厢房各三间，前出廊，前檐梁架绘有苏式彩画。院内有四檩卷棚顶游廊连接各房，筒瓦屋面，檐部绘有苏式彩画。三进院内后罩房八间，东数第二间现开为后门。三进院东西两侧各有平顶厢房二间，檐下有挂檐板。

图 5-60　绮园二进院正房

图 5-61　绮园二进院回廊彩画

2．武定侯胡同23号

这座四合院位于西城区金融街街道武定侯街23号，是一座带花园的大宅。

该院所在的武定侯街明代时曾居住有武定侯郭英的后人。胡同自明代就称武定侯胡同。武定侯郭英是跟随朱元璋的开国将领，洪武十七年（1384年）封武定侯爵位。朱棣迁都北京后，郭英后人也随着迁到北京并建宅第于此条胡同内。因武定侯爵位世袭，这条胡同遂得名武定侯胡同，属金城坊。1965年扁担胡同并入，定名武定胡同。根据此院所在位置和规模，推断此宅有可能是明代武定侯府所在地。民国时期国民党第六军团第十二军军长孙殿英曾在此居住。孙殿英曾带领部队盗掘清东陵，将乾隆皇帝和慈禧太后的陵寝打开，将陵墓内的珍宝洗劫一空。

该院落坐北朝南，东西两路，四进院落。原大门位于两路院落南侧的中间位置，为广亮大门形式，已经封堵，现大门为倒座房后开门。

西路大门倒座房五间，原为清水脊合瓦屋面，现改为机瓦屋面。西路东侧有单卷垂花门一座，坐西朝东，垂莲柱头，缠枝花卉花罩，圆形门墩残。垂花门北侧接南北向游廊，四檩卷棚顶。游廊西侧为第一进院，院内有两座相连的北房，每座三间，西侧北房高于东侧，披水排山脊合瓦屋面，前后廊，前檐装修为现代门窗。南房三间，前后廊，清水脊合瓦屋面，前檐装修为现代门窗。二进院前有一殿一卷式垂花门一座，石榴形垂柱头，垂柱间装饰雀替，圆形门墩一对。二进正房五间，披水排山脊合瓦屋面，前后廊，前檐装修为现代门窗。正房两侧东西耳房各一间。东西厢房各三间，前后廊，披水排山脊合瓦屋面，前檐装修为现代门窗。第三进院正房三间。前出廊，披水排山脊合瓦屋面。正房西侧耳房两间。

东路为花园部分。大门东侧倒座房五间，原来为清水街合瓦屋面，现为机瓦屋面，前檐装修

图5-62 武定侯胡同23号东路花园亭子

图5-63 武定侯胡同23号院落垂花门垂柱头及花罩

为现代门窗。院内前部堆叠有太湖石假山，山上兼有重檐四角攒尖顶方亭一座，方形宝顶，筒瓦屋面。亭子两侧有爬山廊。假山北侧二进院建有北房五间，披水排山脊合瓦屋面，前檐装修为现代门窗。西厢房三间，过垄脊合瓦屋面。三进院有正房五间，前出廊，披水排山脊合瓦屋面，铃铛排山，屋顶建有民国时期的烟囱，前檐装修为现代门窗。西耳房两间，过垄脊合瓦屋面。院落围墙为大城砖砌筑。

3. 前永康胡同7号——小德张的宅子

前永康胡同7号院落位于东城区北新桥街道。建筑坐北朝南，分为东、西两路，规模属于中型四合院。2003年该院被公布为北京市文物保护单位。

此院清代晚期曾为继大内总管李莲英之后的又一位大太监张兰德（俗称小德张）的住宅。院落的东路有两进院落，为住宅区。大门为宅门中等级最高的广亮大门形式，且位于院落南侧中部，披水排山脊合瓦屋面，后檐馋檐砖雕，大门上槛有梅花形门簪四枚，门扇下部为抱鼓形门墩一对。大门外胡同对面建有一座八字影壁，冰盘檐下砖雕花卉，影壁心砖雕竖匾形式，匾额文字无存。大门东侧和西侧倒座房均为三间，屋脊与大门不同，是清水脊合瓦屋面，脊上装饰花盘子，前出廊，门窗上保留有步步锦棂心横披窗。一进院北侧有一殿一卷式垂花门一座，后檐柱绿色屏门四扇，抱鼓形门墩一对。垂花门连接有抄手游廊，接近垂花门两侧的各四间游廊内壁均绘有壁画，内容有亭台楼阁、小桥流水等，现已斑驳。二进院内，正房三间，前后廊，过垄脊合瓦屋面，馋檐处砖雕花卉图案，博缝头处有如意头图案砖雕。正房两侧耳房各一间半，过垄脊，合瓦屋面。东西厢房各三间，前出廊，过垄脊，合瓦屋面，馋檐处砖雕花卉图案，前檐装修为现代门窗。厢房南侧厢耳房各一间，翻建。

西路为花园。北部为一座花厅，五间，卷棚歇山顶筒瓦屋面，前檐明间出悬山抱厦一间，前檐装修为现代门窗。南部为一座土石相间的假山，假山东侧有一座六角攒尖顶亭子，方形宝顶，柱间冰裂纹棂心倒挂楣子。

图5-64　小德张宅第东路垂花门

图5-65　小德张宅第东路二进院东侧游廊壁画

图5-66　小德张宅第西路花厅

图5-67　小德张宅第西路假山上的亭子

三、三座代表性民国四合院

1. 西交民巷87号、北新华街112号四合院

该院位于西城区西长安街街道，是一座带花园的宅院。该院1984年被公布为北京市文物保护单位。

该院民国时期是北京双合盛五星啤酒厂创办人之一郝升堂的住宅。1913年，郝升堂从圆明园拉走了许多太湖石、汉白玉石雕栏板、石笋、石刻匾额、石雕花盆等布置在该宅院中。2008年部分石刻件回归了圆明园。现宅院中仍保存部分圆明园石构件。

　　该院分为东西两路，东路为住宅部分，西路为花园部分。东路（西交民巷87号）使用的是四合院最高等级的广亮大门，大门东侧倒座房一间，西侧七间。门内有座山影壁一座。影壁西接四檩卷棚顶游廊。向西穿过游廊为从圆明园运来的假山形成的一道屏门，替代了传统四合院中垂花门及看面墙，这种设计别具匠心。假山石内侧刻有乾隆御制诗三首。第一首是乾隆四十八年（1783年）《题狮子林十六景用辛丑诗韵》中为长春园狮子林的"云林石室"所题诗文："云为林复石为室，谁合居之适彼闲。却我万几无暑暇，兴心那可静耽山。"第二首是乾隆五十一年（1786年）《狮子林十六景诗》中为狮子林"右画舫"所题诗文："湖石丛中筑精室，偶来憩坐可观书。云林仍是伊人字，数典依然欲溯初。"第三首是嘉庆元年（1796年）《狮子林十六景诗》中为狮子林"右画舫"所题诗文："云那为林石非室，幽人假藉正无妨。笑予劳者奚堪拟，一再安名盘与阊。"过假山石进入二进院，院内正房三间，前后廊，廊柱间有雀替一对，室内地板为民国时期的花瓷砖墁地。正房两侧耳房各二间，檐下装饰有木挂檐板。东厢房五间，前出廊。东厢房前廊与进大门处游廊贯通。庭院内布置假山、叠石。三进院正房三间，其屋顶为两个屋顶相连组成，称为两卷勾连搭形式。三进院正房两侧耳房各二间。院内东西厢房各三间。院落房屋均由游廊相连。四进院有后罩房九间。

　　西路院落的中央有一道汉白玉栏杆，将庭院分为南北两个区域，南区内有草地、假山、水池、小径穿插其间。假山上镶嵌有多块汉白玉题字刻石。"普香界"刻石，原为长春园法慧寺西城关的刻石；"屏岩"刻石，原为圆明园杏花春馆东北城关的刻石，这两块刻石均为乾隆皇帝御笔。"护松扉""排青幌"刻石，原为绮春园含辉楼南城关之南北石匾；"翠潋"刻石，原为绮春园湛清轩北部水关刻石，这三款刻石均为嘉庆皇帝御笔。院内还有硅化木、石雕等。西院花园东侧有一座亭子，六角攒尖顶，灰筒瓦屋面，石台基，花砖墁地。北区有两组建筑，地面高于南侧，以砖砌地面。北区的前院北房为一座卷棚歇山顶花厅，前出抱厦三间。东厢房三间，前出平顶廊，廊檐下有木质护檐板，与87号院三进院西厢房为两卷勾连搭形式。西厢房为一组中西合璧式建筑，平面布局呈"凹"字形，前出平顶廊，前有异型月台。后院是一座小型四合院，正房及倒座房各五间，东、西厢房各三间。原后院与北新华街112号院相连，现另辟一门。西路院西侧有铺面房17间，沿西交民巷及北新华街临街方向开窗，建筑采用砖砌拱券和女儿墙。临街女儿墙上端现仍存"干鲜果局"及"三盛

图5-68　西交民巷宅第二进院正房地面花砖

图5-69　西交民巷宅第太湖石假山

记"字样的老店砖刻招牌。

图 5-70　西交民巷宅第东跨院北房南立面

2. 新开路20号（新革路20号）——南城第一宅

该院位于东城区前门街道，坐北朝南，一进院落。该院曾为同仁堂乐家旁支后代的私人宅院，是北京的一座典型小四合院住宅。1984年被公布为北京市文物保护单位。

大门开于院落西侧，西向，为随墙门形式。院内正房（北房）三间，披水排山脊，合瓦屋面，前后廊，前出垂带踏跺三级。前檐明间隔扇风门，次间槛墙支摘窗，棂心为类似"井"字玻璃屉，花卡子雕刻"福""寿"字、福云和元宝图案。正房两侧耳房各一间，东西厢房各三间，南房三间，均为披水排山脊，合瓦屋面，前出廊，前出垂踏四级。两侧耳房各一间，披水排山脊，合瓦屋面。

图 5-71　新革路 20 号正房

图 5-72　新革路 20 号西厢房

图 5-73　新革路 20 号
南房明间装修

3. 蒋家胡同四合院

这座四合院位于海淀区北京大学校园内，在校医院南侧。建筑坐北朝南，是一座保存质量较好的三进院落，规模属于中型。

该院落清代曾为天利木厂老板安联魁的宅院。安联魁，直隶东安县（今河北省廊坊市旧州乡）人。天利木厂因清同治年间重修九州清晏工程而闻名。光绪年间慈禧太后兴建颐和园，天利木厂又承包了佛香阁等多项工程，以此发家，并建造了这座四合院。抗日战争时期，北平陷落，此院被转卖。后又转卖给燕京大学著名学者顾颉刚先生，顾颉刚曾在此编纂《禹贡》杂志。

宅院大门为如意门形式，位于院落东南角，清水脊上装饰花草砖，大门的栏板上也装饰有松树、鹿、梅花、猴子、印章等吉祥图案砖雕，栏板下的须弥座雕刻蕃草纹、宝珠和万不断图案，门楣砖雕万不断图案，象鼻枭及两侧砖雕番草花卉图案。梅花形门簪两枚，雕刻荷花图案。方形门墩一对，上部雕刻蹲狮，大门内梁架象眼处雕刻轱辘钱，后檐柱间装饰步步锦棂心倒挂楣子、花牙子。整座大门在砖雕木雕的装饰下显得很是富丽。大门东侧门房半间，西侧倒座房六间。大门内迎门砖砌座山影壁一座，硬山顶过垄脊，筒瓦屋面。一进院北侧一殿一卷式垂花门一座，垂莲柱头，花罩和花板均雕刻缠枝花卉，梅花形门簪两枚，雕刻花卉图案，梁架绘制苏式彩画，后檐柱间四扇绿色屏门，方形门墩一对，上部雕刻蹲狮，前出如意踏跺四级，后出垂带踏跺三级。垂花门两侧连接抄手游廊，四檩卷棚顶，筒瓦屋面，绿色梅花方柱，柱间装饰倒挂楣子、花牙子

图 5-74 蒋家胡同四合院大门及倒座房

图 5-75 大门门头及砖雕

图 5-76 大门门墩

和坐凳楣子，均为步步锦棂心。二进院内正房三间，进深七檩，前后廊，清水脊，合瓦屋面，脊饰花草砖，前檐明间隔扇风门，前出垂带踏跺五级，次间槛墙、支摘窗。前檐柱间装饰步步锦棂心倒挂楣子、花牙子。正房两侧耳房各二间，过垄脊，合瓦屋面。东西厢房各三

图 5-77 大门倒挂楣子及花牙子

图 5-78 垂花门花罩

间，前出廊，前檐明间隔扇风门，前出如意踏跺三级，次间槛墙、支摘窗，前檐柱间装饰倒挂楣子、花牙子，均为步步锦棂心。东西厢房南北两侧各有厢耳房一间，均为过垄脊面。三进院并没有采取后罩房的形式，而是与二进院的格局一样，也是由正房三间，两侧耳房各二间，东西厢房各三间的格局组成。院东侧游廊与一进院游廊相连。

图5-79　蒋家胡同四合院垂花门背面及游廊

图5-80　蒋家胡同四合院三进院正房

参考书目

1．刘大可：《中国古建筑瓦石营造法》，北京：中国建筑工业出版社，1993年版。

2．马炳坚：《中国古建筑木作营造技术》，北京：科学出版社，1991年版。

3．陆翔、王其明：《北京四合院》，北京：中国建筑工业出版社，1996年版。

4．马炳坚：《北京四合院建筑》，天津：天津大学出版社，2005年版。

5．业祖润：《中国民居建筑丛书·北京民居》，北京：中国建筑工业出版社，2009年版。

6．顾军：《北京的四合院与名人故居》，北京：光明日报出版社，2004年版。

7．贾珺：《北京四合院》，北京：清华大学出版社，2009年版。

8．朱家溍：《明清室内陈设》，北京：紫禁城出版社，2004年版。

9．岩本公夫：《北京门墩》，北京：北京语言文化大学出版社，1998年版。

10．高巍：《砖瓦组成的北京四合院》，北京：学苑出版社，2003年版。

11．《建筑构造通用图集——北京四合院建筑要素图》，88J14-4，2006年。

后　记

　　经过一番努力，本书终于即将付梓。作为本书的撰写者，我在作这篇后记时心中百感交集。有那么一些兴奋，因为又一部书即将出版，心血得到了认可。有那么一些向往，我希望这本书能够被大多数人喜爱，通过我的讲述能够将北京四合院的"故事"、将北京人的情怀告诉更多的人，让更多的人了解四合院，体会到四合院的无限魅力。

　　当然，我心中也存满了感激。感谢市委宣传部的领导和北京社科院的刘仲华、王建伟、高福美三位学界同仁信任我，让我有机会写作此书。感谢我中学时代的学校和老师，让我初步接触到了四合院。感谢我大学时代的老师顾军教授在那时对四合院精彩的讲述，让我产生了更浓厚的兴趣。感谢我的忘年师友侯兆年、梁玉贵、于福庚、王建华几位先生对我的鼓励与帮助。王建华先生作为一名优秀的摄影家，更是在我写作这本书时，将自己十数年来宝贵的摄影作品倾囊相赠。感谢我的学生张予正、王珊珊二位研究生为我的作品查找资料、绘制图纸。还要感谢我的家人，在我忙碌写作之时，慈母送上可口饭菜，妻女轻声慢语。当然，还有更多人值得我感谢，但限于篇幅，此处只能挂一漏万。

　　然而，我心中更多的是忐忑，因为北京四合院的建筑与文化内涵太广博深厚了，以我所学所悟怕是说不清楚和全面的。这句话绝不是谦虚，因为我深刻体会到那一座座四合院承载的是漫漫数百年的发展史，凝结的是北京数十代人的悲欢离合。因此，我虽然怀着敬畏之心写作此书，但书中难免有错误、片面和浅薄之处，我在此非常真诚地恳请各位前辈、同仁和读者批评指正！

李卫伟

2020年3月